浙江省"十一五"重点教材建设项目

高职数学建模

主　编　郭培俊

副主编　毛海舟

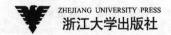

ZHEJIANG UNIVERSITY PRESS

浙江大学出版社

内容摘要

　　本书用"五步建模法"介绍数学建模过程,内容包括初等模型、微积分模型、线性规划模型、概率模型、计算机模拟插值与拟合回归分析模型、简单逻辑及图论模型.模型求解涉及的程序用MATLAB、Lingo软件编写附在小结之后,各模块附有思考与练习题.

　　本书是学习数学建模和参加竞赛培训的基础教材,也可作为高职高专(含师范)高等数学教材配套教材.可供高职高专学生、教师及科学技术工作者参考.

图书在版编目 (CIP)数据

　　高职数学建模/郭培俊主编. — 杭州 :浙江大学
出版社,2010.12(2017.8重印)
　　ISBN 978-7-308-08093-4

　　Ⅰ.①高… Ⅱ.①郭… Ⅲ.①数学模型－高等学校:
技术学校－教材 Ⅳ.①O141.4

　　中国版本图书馆 CIP 数据核字（2010）第 216077 号

高职数学建模

主　　编　郭培俊
副主编　毛海舟

责任编辑　黄兆宁
封面设计　刘依群
出版发行　浙江大学出版社
　　　　　（杭州市天目山路 148 号　邮政编码 310007）
　　　　　（网址：http://www.zjupress.com）
排　　版　杭州中大图文设计有限公司
印　　刷　浙江省良渚印刷厂
开　　本　710mm×960mm　1/16
印　　张　14.5
字　　数　257 千
版 印 次　2010 年 12 月第 1 版　2017 年 8 月第 3 次印刷
书　　号　ISBN 978-7-308-08093-4
定　　价　27.00 元

前　　言

　　近年来,数学建模培训和竞赛在全国高职高专院校如雨后春笋般蓬勃兴起,有力推动了高等数学教学改革.如何把数学建模方法和思想渗透到数学课堂上,如何把数学模型与专业课程结合起来,为专业服务,为学生服务,通过数学建模教学和培训提高学生学习数学兴趣,提高应用数学的意识和能力,是一项已经启动并尚需进一步研究的重要课题.

　　本书源自编者们在进行课程教学改革实验中积累起来的素材,是在我校大学生数学建模选修课和竞赛培训使用讲义上形成的,并作为《高等数学》教学的配套教程.原讲义得到学生们的热烈欢迎,并得到有关专家的肯定.2009年申请并经浙江省教育厅批准为浙江省十一五重点教材建设项目.

　　本书在编写过程中,力求简练明了,注重基础性、可读性、趣味性和应用性.首先,是针对高职学生的特点,所选模型都是学生能学会的,让学生学起来感觉不到有太大的障碍,特别是选择建模方法时,回顾并简介了相关的数学知识;其次,为提高学习数学兴趣,选择了一些生活模型、游戏模型,如抵押贷款问题,人、狼、羊、菜渡河问题等;再次,选入一些专业模型,既为专业课服务,又相互刺激激发学习兴趣,如新产品的推销模型;最后,结合校本特色,编写有实用价值的模型练习题,如地掷球抛击滚靠数学模型.

　　针对高职高专数学课时少的特点,兼顾高等数学、经济数学主干内容,当然还要考虑竞赛常用的方法,我们只编写了七个模块.在编排上,按数学课程学习的顺序分模块排列.本书可与《高等数学》《经济数学》配套使用,也可作为高职数学教学改革教材.为提高读者参与度,各模块后我们还撰写了思考与练习题,相信这样做能够帮助读者在学习本书后在应用知识能力上有一个切实的提高.

　　为便于读者掌握建模方法,本书所有模型编写一律采用"五步建模法",即:提出问题、选择建模方法、推导模型的公式、求解模型、回答问题.为方便读者阅读,凡模型中涉及的程序,我们将用 MATLAB、Lingo 软件编写的程序附在本模型回答问题之后.为了提高论文写作水平,我们在本书附录中选录了两篇优秀论文,供读者欣赏、模仿学习.

　　本书由浙江工贸职业技术学院郭培俊主编,并由他负责全书策划、统稿和定稿,同时他还执笔编写了多个模型和优秀论文欣赏.第一模块由茹永梅、郭培俊编写,第二模块由尹清杰、郭培俊编写,第三模块由王积建编写,第四模块由郭培俊、刘维先编写,第五模块由毛海舟、刘维先编写,第六模块由龚洪胜、茹永梅编写.第七模块由郭培俊编写.全书模型中程序皆由毛海舟调试.

　　本书出版,一要感谢我们的学生,是他们在学习中不断质疑问难促使我们不断的改进;二要感谢浙江工贸职业技术学院领导和老师的支持;三要感谢浙江省教育厅,是优惠政策鼓励了我们,鞭策我们如期成书.同时,由于编写水平有限和时间紧迫,错误之处在所难免,欢迎使用本书的广大师生批评指正.

编者

2010 年 8 月于浙江工贸职业技术学院

目　　录

第 1 模块　初等模型 ……………………………………………… 1

1.1　移动电话资费"套餐"问题 ………………………………… 1

1.2　抵押贷款问题 ……………………………………………… 3

1.3　公平的席位分配问题 ……………………………………… 5

1.4　雨中行走问题 ……………………………………………… 8

1.5　椅子能在不平的地面上放稳吗? ………………………… 12

1.6　最优观点与最大视角 ……………………………………… 14

1.7　水库洪水预报与调度 ……………………………………… 16

1.8　旅行的学问 ………………………………………………… 20

思考与练习 1 …………………………………………………… 23

第 2 模块　微积分模型 …………………………………………… 26

2.1　售猪问题 …………………………………………………… 26

2.2　冰块融化模型 ……………………………………………… 30

2.3　人口阻滞增长模型 ………………………………………… 32

2.4　新产品的推销模型 ………………………………………… 35

2.5　广告模型 …………………………………………………… 38

2.6　消费与积累问题 …………………………………………… 42

2.7　刑事侦察中死亡时间的鉴定 ……………………………… 45

2.8　石油管道铺设模型 ………………………………………… 46

思考与练习 2 …………………………………………………… 50

第 3 模块　线性规划模型 ……………………………… 54

3.1　生产计划问题 …………………………………… 54

3.2　零件配套问题 …………………………………… 56

3.3　背包问题 ………………………………………… 58

3.4　选择加工方式问题 ……………………………… 60

3.5　灵敏度分析 ……………………………………… 62

3.6　两辆铁路平板车的装货问题 …………………… 65

3.7　DVD 在线租赁问题 ……………………………… 69

3.8　基金使用计划 …………………………………… 76

　　思考与练习 3 ……………………………………… 87

第 4 模块　概率统计模型 …………………………… 90

4.1　传送系统的效率 ………………………………… 90

4.2　报童的诀窍 ……………………………………… 93

4.3　电话接线人员数量设计 ………………………… 96

4.4　机票超订策略 …………………………………… 100

4.5　快餐店里的学问 ………………………………… 105

4.6　色盲问题 ………………………………………… 108

　　思考与练习 4 ……………………………………… 112

第 5 模块　数据拟合与计算机模拟模型 …………… 114

5.1　给药问题 ………………………………………… 115

5.2　薄膜渗透率的测定模型 ………………………… 118

5.3　油气产量和可开采储量的预测问题 …………… 123

5.4　水塔流量的估计 ………………………………… 126

5.5　糖果店进货策略模型 …………………………… 132

5.6　简单库存问题模型 ……………………………… 137

5.7　倒煤台的操作方案 ……………………………… 141

5.8　乒乓球团体赛对策问题 ………………………… 145

　　思考与练习 5 ……………………………………… 149

第 6 模块　逻辑及图论组合模型 ·· 151

6.1　人、狼、羊、菜渡河问题 ·· 151

6.2　说谎问题 ·· 155

6.3　棋子的颜色问题 ·· 156

6.4　选址问题 ·· 158

6.5　设备更新问题 ·· 161

6.6　中国邮递员问题 ·· 163

思考与练习 6 ·· 165

第 7 模块　数据处理方法 ·· 169

7.1　常用数据处理方法 ·· 169

7.2　数据处理的综合评价方法 ·· 174

7.3　预测方法 ·· 176

7.4　NBA 赛程分析 ·· 182

7.5　学生质量综合评价 ·· 190

思考与练习 7 ·· 196

附录：优秀论文欣赏

论文 1：CUMCM-2006　C 题（易拉罐形状和尺寸的最优设计）

·· 200

论文 2：CUMCM-2003　D 题（抢渡长江） ·· 217

参考文献 ·· 224

第 1 模块 初等模型

初等模型是指运用初等数学知识如函数、方程、不等式、简易逻辑、向量、排列组合、概率统计、几何等建立起来的模型,并且能够用初等数学的方法进行求解和讨论. 对于机理比较简单的研究对象,一般用初等方法就能够达到建模目的. 但衡量一个模型的优劣,主要在于它的应用效果,而不在于是否采用了高等数学方法. 对于用初等方法和高等方法建立起来的两个模型,如果应用效果相差无几的话,那么受到人们欢迎和被采用的一定是初等模型.

1.1 移动电话资费"套餐"问题

据中国青年报 2009 年 3 月 19 日报道:中国移动通信将于 3 月 21 日开始在所属 18 个省、市移动通信公司陆续推出"全球通"移动电话资费"套餐",这个"套餐"的最大特点是针对不同用户采取了不同的收费方法,具体方案如表 1-1 所示.

表 1-1 "全球通"移动电话资费"套餐"标准

方案代号	基本月租(元)	免费时间(分钟)	超过免费时间的话费(元/分钟)
1	30	48	0.60
2	98	170	0.60
3	168	330	0.50
4	268	600	0.45
5	388	1000	0.40
6	568	1700	0.35
7	788	2588	0.30

原计费方案的基本月租费为 50 元,每通话一分钟付 0.4 元,请问:

(1)如取第 4 种收费方式,通话量多少时比原收费方式的月通话费省钱(月通话费是指一个月内每次通话用时之和,每次通话用时以分为单位取整计算,如某次通话时间为 3 分钟 20 秒,按 4 分钟计通话用时)?

(2)据中国移动 2000 年公布的中期业绩,平均每户通话量为每月 320 分钟,若一个用户的通话量恰好是这个平均值,那么选择哪种收费方式更合算?

第一步,提出问题

设实际月通话时间为 x 分钟. 月通话时间是指一个月内每次通话用时之和,每次通话用时以分为单位取整计算,即 $x \in \mathbf{N}$. 如某次通话时间为 3 分钟 20 秒,按 4 分钟计算通话时间.

设原计费方案的基本月租费为 a_0 元、每分钟话费为 c_0 元、月通话费为 y_0 元,于是有

$$y_0 = a_0 + c_0 x \tag{1-1}$$

设新套餐第 i 种收费方式的基本月租费为 a_i 元、免费时间为 b_i 分钟、超过免费时间的每分钟话费为 c_i 元、月通话费为 y_i 元、$i = 1, 2, \cdots, 7$. 于是有

$$y_i = \begin{cases} a_i, & 0 \leqslant x \leqslant b_i \\ a_i + c_i(x - b_i), & x > b_i \end{cases} \tag{1-2}$$

第(1)题的问题是,求 x,使得 $y_4 \leqslant y_0$.

第(2)题的问题是,当 $x = 320$ 时,求 i,使得 $y_i \leqslant y_0$.

表 1-2 对第一步所得的结果进行了归纳,以便于后面参考.

表 1-2 移动电话资费"套餐"问题第一步结果

变 量	假 设	目 标
a_0—原计费方案的基本月租费(元); c_0—原计费方案的每分钟话费(元); y_0—原计费方案的月通话费(元); a_i—新套餐第 i 种收费方式的基本月租费(元); b_i—新套餐免费时间(分钟); c_i—新套餐超过免费时间的每分钟话费(元); y_i—新套餐月通话费(元).	$i = 1, 2, \cdots, 7$; $x \in \mathbf{N}$; $y_0 = a_0 + c_0 x$; $y_i = \begin{cases} a_i, & 0 \leqslant x \leqslant b_i \\ a_i + c_i(x - b_i), & x > b_i \end{cases}$	(1)求 x,使得 $y_4 \leqslant y_0$; (2)当 $x = 320$ 时,求 i,使得 $y_i \leqslant y_0$.

第二步,选择建模方法

我们选择解不等式的方法来建模.在第(1)题中,通过解 $y_4 \leqslant y_0$,可以求出 x 的范围.在第(2)题中,依次求出 y_i 和 y_0,通过比较 y_i 和 y_0 的大小,找出满足条件 $y_i \leqslant y_0$ 的 i 即可.

第三步,推导模型的公式

先解决第(1)题,

当 $0 \leqslant x \leqslant b_4$ 时,$y_4 \leqslant y_0 \Leftrightarrow a_4 \leqslant a_0 + c_0 x \Leftrightarrow x \geqslant \dfrac{a_4 - a_0}{c_0}$

由于 $0 < \dfrac{a_4 - a_0}{c_0} < b_4$,所以 $\dfrac{a_4 - a_0}{c_0} \leqslant x \leqslant b_4$

当 $x > b_4$ 时,$y_4 \leqslant y_0 \Leftrightarrow a_4 + c_4(x - b_4) \leqslant a_0 + c_0 x$

$\Leftrightarrow x \leqslant \dfrac{a_0 - a_4 + c_4 b_4}{c_4 - c_0}$

由于 $b_4 < \dfrac{a_0 - a_4 + c_4 b_4}{c_4 - c_0}$,所以 $b_4 < x \leqslant \dfrac{a_0 - a_4 + c_4 b_4}{c_4 - c_0}$

综上,当

$$\frac{a_4 - a_0}{c_0} \leqslant x \leqslant \frac{a_0 - a_4 + c_4 b_4}{c_4 - c_0} \tag{1-3}$$

时,$y_4 \leqslant y_0$.

第四步,求解模型

将有关数据代入(1-3)式得,$545 \leqslant x \leqslant 1040$;将有关数据代入(1-1)、(1-2)式得,$y_0 = 178$,$y_1 = 193.20$,$y_2 = 188$,$y_3 = 168$.由于 $y_0 = 178$,所以不会选择月租费多于 178 元的收费方式,从而不用计算 y_4, y_5, y_6, y_7.

第五步,回答问题

对于第四种收费方式,当通话量在 545~1040 分钟之间时比原收费方式的月通话费省钱.若一个用户的月通话量恰好是 320 分钟时,那么选择第三种收费方式更合算.

1.2 抵押贷款问题

某高校一对年轻夫妇为买房要向银行贷款 60000 元,月利率 0.01,贷款期 12 年,这对夫妇希望知道每月要还多少钱,12 年就可还清.假设这对夫妇每月可节省 1000 元,是否可以去买房呢?

第一步,提出问题

在本例中,全部的变量包括:贷款的月利率 R,按常规以复利计算;每月还款数 x(元);第 k 个月时尚欠的钱款数 A_k(元);贷款期 N(月).

如果 A_0 表示一开始的贷款额 a,则这对夫妇一个月后(加上利息)欠款为 $(1+R)A_0$,还款 x 后,一个月后(加上利息并还款)欠款为 $A_1=(1+R)A_0-x$

同理,二个月后(加上利息并还款)欠款为 $A_2=(1+R)A_1-x$

三个月后(加上利息并还款)欠款为 $A_3=(1+R)A_2-x$

以此类推,k 个月后(加上利息并还款)欠款为 $A_k=(1+R)A_{k-1}-x$（当然 $A_k \geqslant 0, k=1,2,3,\cdots$).

综上,有

$$\begin{cases} A_k=(1+R)A_{k-1}-x,(k=1,2,3,\cdots) \\ A_0=a \end{cases} \tag{1-4}$$

于是,第 1 个问题转化为:求 x,使得 $A_{144}=0$. 第 2 个问题转化为:判断 $x \leqslant 1000$ 是否成立,若成立,则可以买房;若不成立,则不能买房.

表 1-3 对第一步所得的结果进行了归纳,以便于后面参考.

表 1-3　抵押贷款问题的第一步结果

变　量	假　设	目　标
R—贷款的月利率; x—每月还款数; A_k—第 k 个月时尚欠的钱款数; N—贷款期.	$\begin{cases} A_k=(1+R)A_{k-1}-x \\ (k=1,2,3,\cdots) \\ A_0=a \end{cases}$ 这对夫妇每月节余 1000 元可全部作为还款.	1. 求 x,使得 $A_{144}=0$; 2. 判断 $x \leqslant 0$ 是否成立.

第二步,选择建模方法

我们选择数列和解方程的方法来建模.

第三步,推导模型的公式

$$A_k=(1+R)^k A_0-x \cdot \frac{1-(1+R)^k}{1-(1+R)}=(1+R)^k A_0-\frac{x}{R}\left[(1+R)^k-1\right]$$

于是

$$x=\frac{R\left[(1+R)^k A_0-A_k\right]}{(1+R)^k-1} \tag{1-5}$$

第四步,求解模型

在本问题中,$A_0 = a = 60000$ 元,$R = 0.01$,$k = 12 \times 12 = 144$ 月,$A_{144} = 0$,代入(1-5)式中得,$x \approx 788.05$.

由于 $x \approx 788.05 < 1000$,所以可以买房.

第五步,回答问题

如果这对夫妇每月节余 1000 元可全部作为还款的话,就可以买房,每月大约还款 788 元.

1.3 公平的席位分配问题

某学校有 3 个系共 200 名学生,其中甲系 100 名,乙系 60 名,丙系 40 名。若学生代表会议设 20 个席位,公平而又简单的席位分配办法是按学生人数的比例分配,显然甲、乙、丙三系分别应占有 10、6、4 个席位. 现在丙系有 3 名学生转入甲系,3 名学生转入乙系,仍按比例分配席位出现了小数,三系同意在将取得整数的 19 个席位分配完毕后,剩下的 1 席位参照所谓惯例分给比例中小数最大的丙系,于是三系仍分别占有 10、6、4 个席位按比例并参照惯例的席位分配,如表 1-4 所示.

表 1-4 原始席位分配

系别	学生人数	学生人数比例(%)	20 个席位的分配		21 个席位的分配	
			比例分配席位	参照惯例结果	比例分配席位	参照惯例结果
甲	100	50	10	10	10.815	11
乙	60	30	6	6	6.615	7
丙	40	20	4	4	3.570	3
总和	200	100	20	20	21	21

由于 20 个席位的代表会议在表决时可能出现 10:10 的局面,会议决定下一届增加 1 席,按照上述方法重新分配席位,计算结果是甲、乙、丙三系分别应占有 11、7、3 个席位. 显然这个结果对丙系太不公平了,因为总席位增加 1 席,而丙系却由 4 席减为 3 席. 由此我们可以讨论如下问题:

第一步,提出问题

在上述席位分配问题中,如何分配席位才算是公平呢?

5

席位的分配应对各方都公平,解决问题的关键在于建立衡量公平程度既合理又简明的数量指标并建立新的分配方法.

我们的目标是突破常规意义上"公平",寻求新的衡量"公平"的指标,以便建立新指标下的公平分配方案.为简化问题,我们先讨论甲、乙两方公平席位分配的情况.表 1-5 对要用到的参数和变量作归纳,以便于后面参考.

表 1-5　公平席位分配问题的第一步结果

参　数	公平指标	目　标
p_1—甲方的总人数 p_2—乙方的总人数 n_1—甲占有的席位数 n_2—乙占有的席位数	$r_{甲}(n_1,n_2)=\dfrac{p_1/n_1-p_2/n_2}{p_2/n_2}$ $(p_1/n_1>$ $p_2/n_2)$——对甲的相对不公平值 $r_{乙}(n_1,n_2)=\dfrac{p_2/n_2-p_1/n_1}{p_1/n_1}$ $(p_1/n_1<$ $p_2/n_2)$——对乙的相对不公平值	使 $r_{甲},r_{乙}$ 尽可能小

第二步,选择建模方法

我们可以选择用递推法完成本题的建模过程.即先讨论甲、乙两方之间的公平席位分配问题,接着采用数列中的递推方法来寻求三方甚至多方的公平席位分配问题.

第三步,推导模型的公式

设甲、乙两方,人数分别为 p_1 和 p_2,占有席位分别是 n_1 和 n_2,则两方每个席位代表的人数分别为 p_1/n_1 和 p_2/n_2,显然当 $p_1/n_1=p_2/n_2$ 时,席位的分配才是公平的.但因人数为整数,所以通常 $p_1/n_1\neq p_2/n_2$,这时席位分配不公平,且数值较大的一方吃亏.

当 $p_1/n_1>p_2/n_2$ 时,定义

$$r_{甲}(n_1,n_2)=\frac{p_1/n_1-p_2/n_2}{p_2/n_2} \tag{1-6}$$

为对甲的相对不公平值.

当 $p_1/n_1<p_2/n_2$ 时,定义

$$r_{乙}(n_1,n_2)=\frac{p_2/n_2-p_1/n_1}{p_1/n_1} \tag{1-7}$$

为对乙的相对不公平值.

要使分配方案尽可能公平,制定席位分配方案的原则是使 $r_{甲}(n_1,n_2)$ 和 $r_{乙}(n_1,n_2)$ 都尽可能小.

第四步,求解模型

假设甲、乙两方分别占有 n_1 和 n_2 席,利用相对不公平值 $r_甲$ 和 $r_乙$ 讨论:当总席位增加一席时,应该分配给甲还是乙.不妨设 $p_1/n_1 > p_2/n_2$,即对甲不公平,当再分配一个席位时,有以下三种情况:

(1) 当 $\dfrac{p_1}{n_1+1} > \dfrac{p_2}{n_2}$ 时,这说明即使给甲增加一席,仍然对甲不公平,所以这一席显然应给甲.

(2) 当 $\dfrac{p_1}{n_1+1} < \dfrac{p_2}{n_2}$ 时,这说明给甲增加一席,变为对乙不公平,此时对乙的相对不公平值为

$$r_乙(n_1+1,n_2) = \frac{p_2(n_1+1)}{p_1 n_2} - 1 \tag{1-8}$$

(3) 当 $\dfrac{p_1}{n_1} > \dfrac{p_2}{n_2+1}$ 时,这说明给乙增加一席,将对甲不公平,此时对甲的相对不公平值为

$$r_甲(n_1,n_2+1) = \frac{p_1(n_2+1)}{p_2 n_1} - 1 \tag{1-9}$$

因为公平分配席位的原则是使相对不公平值尽可能小,所以如果

$$r_乙(n_1+1,n_2) < r_甲(n_1,n_2+1) \tag{1-10}$$

则这一席给甲方,反之这一席给乙方.

由(1-8)、(1-9)式可知,(1-10)式等价于

$$\frac{p_2^2}{n_2(n_2+1)} < \frac{p_1^2}{n_1(n_1+1)} \tag{1-11}$$

不难证明上述的第(1)种情况 $\dfrac{p_1}{n_1+1} > \dfrac{p_2}{n_2}$ 也与(1-11)式等价,于是我们的结论是当(1-11)式成立时,增加的一席应给甲方,反之给乙方.

若记

$$Q_i = \frac{p_i^2}{n_i(n_i+1)}, \qquad i=1,2 \tag{1-12}$$

则增加的一席给 Q 值大的一方.

上述方法可以推广到有 m 方分配席位的情况.设第 i 方人数为 p_i,已占有 n_i 个席位.当总席位增加一席时,计算

$$Q_i = \frac{p_i^2}{n_i(n_i+1)}, \qquad i=1,2,\cdots,m \tag{1-13}$$

则增加的一席应分配给 Q 值大的一方.这种席位分配的方法称为 Q 值法.

第五步,回答问题

下面用 Q 值法讨论甲、乙、丙三系分配 21 个席位的问题. 先按照比例将整数部分的 19 席分配完毕,有 $n_1=10, n_2=6, n_3=3$. 再用 Q 值法分配第 20 席和第 21 席.

分配第 20 席,计算得

$$Q_1=\frac{103^2}{10\times11}=96.4, Q_2=\frac{63^2}{6\times7}=94.5, Q_3=\frac{34^2}{3\times4}=96.3$$

Q_1 最大,于是这一席应分给甲系.

分配第 21 席,计算得

$$Q_1=\frac{103^2}{11\times12}=80.4, Q_2=\frac{63^2}{6\times7}=94.5, Q_3=\frac{34^2}{3\times4}=96.3$$

Q_3 最大,于是这一席应分给丙系.

1.4 雨中行走问题

人们外出行走,途中遇雨,未带雨伞势必淋雨,自然就会想到,走多快才会少淋雨呢?一般来说,遇到淋雨,人们多半采取的策略是奔跑以便于尽快到达目的地或者避雨处,那么尽力奔跑是不是减少淋雨量的最佳策略呢?本节来讨论这个问题.

第一步,提出问题

一个雨天你有件急事需要从家中到学校去,学校离家不远,仅一公里,况且事情紧急,你不准备花时间去翻找雨具,决定碰一下运气,顶着雨去学校. 假设刚刚出发雨就下大了,但你也不再打算回去了,一路上,你将被大雨淋湿,一个似乎很简单的事实是你应该在雨中尽可能地快走,以减少被雨淋的时间,但如果考虑到降雨方向的变化,在全部距离上尽力快跑不一定是最好的策略,试组建数学模型来探讨如何在雨中行走才能减少被雨淋的程度. 表 1-6 对要用到的参数与变量作归纳,以便后面参考.

这里我们考虑以下几个影响因素:①降雨的大小;②风(降雨)的方向;③路程的远近和人跑的快慢.

第二步,选择建模方法

我们选择讨论三角函数取值范围的方法来建模.

第三步,推导模型的公式

降雨强度系数 $p=\dfrac{I}{r}, p\leqslant1$,当 $p=1$ 时意味着大雨倾盆.

表 1-6　雨中行走问题的第一步结果

变　量	假　设	目　标
r—雨滴下落的速度（米/秒）； I—降水强度（单位时间平面上的降水厚度）（厘米/时）； v—雨中行走的速度（米/秒）（固定不变）； D—雨中行走的距离（米）； θ—降雨的角度（雨滴下落的反方向与人前进的方向之间的夹角）（固定不变）； h—视人体为一个长方体时人的身高（米）； w—视人体为一个长方体时人的身宽（米）； d—视人体为一个长方体时人的厚度（米）.	人体是长方体	求人的最小淋雨量,即长方体（除下地面外）的最小表面积.

当雨水是迎面而来落下时,被淋湿的部分将仅仅是人体的顶部和前方.

令 C_1,C_2 分别是人体的顶部和前部的雨水量.

考虑顶部的雨水量:C_1

顶部面积 $S_1 = wd$.

雨滴垂直速度的分量为 $r\sin\theta$.

则在时间 $t = \dfrac{D}{v}$ 内淋在顶部的雨水量 $C_1 =$ $(D/v)wd(pr\sin\theta)$.

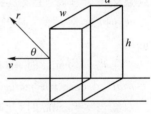

图 1-1　长方体的淋雨模型

再考虑人体前部的雨水量:前部面积 $S_2 = wh$,雨速分量为 $r\cos\theta + v$,则 $t = \dfrac{D}{v}$ 内的 C_2 为

$$C_2 = \frac{D}{v}[wph(r\cos\theta + v)]$$

于是在整个行程中被淋到的雨水总量为

$$C = C_1 + C_2 = \frac{pwD}{v}[dr\sin\theta + h(r\cos\theta + v)] \tag{1-14}$$

第四步,求解模型

设 $=4$ 米/秒,$=2$ 厘米/小时,可得

$p = 1.39 \times 10^{-6}$,$D = 1000$ 米,$h = 1.50$ 米,$w = 0.50$ 米,$d = 0.20$ 米.

$$C=\frac{6.95\times10^{-4}}{v}(0.8\sin\theta+6\cos\theta+1.5v) \qquad (1\text{-}15)$$

1. 当 $0^{0}<\theta<90^{\circ}$ 时, $\sin\theta,\cos\theta>0$, C 是 v 的减函数.

人将以最快的速度跑,淋雨量最小,取 $v=6$ 米/秒.

当 $\theta=60^{\circ}$ 时, $C=14.7\times10^{-4}$ 米$^3=1.47$ 升

2. 当 $\theta=90^{\circ}$ 时, $C=\dfrac{6.95\times10^{-4}}{v}(0.8\sin90^{\circ}+1.5v)$

$$=6.95\times10^{-4}(1.5+0.8/v)$$

取 $v=6$ 米/秒, $C=11.3\times10^{-4}$ 米$^3=1.13$ 升

3. 当 $90^{\circ}<\theta<180^{\circ}$ 时,令 $\theta=90^{\circ}+\alpha$

则 $0<\alpha<90^{\circ}$,此时

$$C=pwD[h+(dr\cos\alpha-hr\sin\alpha)/v]$$

或 $C=6.95\times10^{-4}[1.5+(0.8\cos\alpha-6\sin\alpha)/v]$

这种情形,雨滴将从后面向人体落下,但 α 当充分大时, C 可能为负值, 这显然不合理,这主要是我们开始讨论时,假定了人体是一面淋雨,当 $0^{\circ}<\theta<90^{\circ}$ 时,这是对的;但当 $90^{\circ}<\theta<180^{\circ}$,而 $v>r\sin\alpha$ 时,人体将赶上前面的雨.

①当 $v<r\sin\alpha$ 时,淋在背上的雨量为 $pwD[rh\sin\alpha-vh]/v$,雨水总量 $C=pwD[dr\cos\alpha+h(r\sin\alpha-v)]/v$.

②当 $v=r\sin\alpha$ 时,此时 $C_2=0$.

雨水总量 $C=\dfrac{pwDdr\cos\alpha}{v}$,如 $\alpha=30^{\circ}$, $C=0.24$ 升

这表明人体仅仅被头顶部位的雨水淋湿.实际上这意味着人体刚好跟着雨滴向前走,身体前后将不被淋雨.

③当 $v=r\sin\alpha$ 时,即人体行走快于雨滴的水平运动速度 $r\sin\alpha$.此时将不断地赶上雨滴.雨水将淋胸前(身后没有),胸前淋雨量 $C_2=pwDh(v-r\sin\alpha)/v$.

于是 $C=pwD[rd\cos\alpha+h(v-r\sin\alpha)]/v$

例如当 $v=6$ 米/秒且 $\alpha=30^{\circ}$ 时, $C=0.77$ 升.

第五步,回答问题

1. 如果雨是迎着你前进的方向向你落下($\theta\leqslant90^{\circ}$),此时策略很简单,你应以最大速度向前跑.

2. 如果雨是从你的后面落下,这时你应该控制你在雨中的行走速度,让

它刚好等于落雨速度的水平分量.

第六步,问题补充

解法二:选择坐标系.用 $(v,0,0)$ 表示人行走速度,(r_x,r_y,r_z) 表示雨速,D 为行走距离,则行走时间为 D/v.

又设人体为一长方体,其前、侧、顶的面积之比为 $1:\lambda:\mu$. 于是单位时间淋雨量正比于

$$(|v-r_x|,|0-r_y|,|0-r_z|)\cdot(1,\lambda,\mu)=|v-r_x|+\lambda|r_y|+\mu|r_z|$$

总淋雨量正比于

$$R(v)=\frac{D}{v}(|v-r_x|+a)$$

其中 $a=\lambda|r_y|+\mu|r_z|(>0)$

于是雨中行走问题抽象成如下数学问题:

已知 D,r_x,a,求 v 为何值时 $R(v)$ 最小?

1. $r_x>0$ 时,

$$R(v)=\begin{cases}\dfrac{D}{v}(r_x-v+a)=\dfrac{D(r_x+a)}{v}-D,v\leqslant r_x\\[3mm]\dfrac{D}{v}(v-r_x+a)=\dfrac{D(a-r_x)}{v}+D,v>r_x\end{cases}\tag{1-16}$$

当 $r_x>a$ 时,$v=r_x$ 才使 $R(v)$ 取最小值 $R_{\min}=Da/r_x$,如图 1-2 所示. 当 $r_x<a$ 时,则无最小值,如图 1-3 所示.

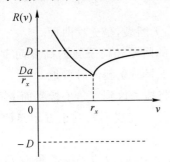
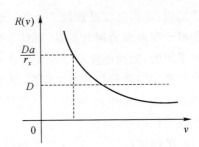

图 1-2　$r_x>a$ 的情形(有最小值)　　图 1-3　$r_x<a$ 的情形(无最小值)

2. $r_x<0$ 时,

$$R(v)=\frac{D}{v}(v+|r_x|+a)=\frac{D(a+|r_x|)}{v}+D\tag{1-17}$$

其图像如图 1-4 所示,易知无最小值.

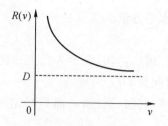

图 1-4　$r_x < 0$ 的情形(无最小值)

同样对 $r_x = 0$ 及 $r_x = a$ 的情形讨论.

结论:仅当 $r_x > a > 0$ 时,应取 $v = r_x$ 可使前后不淋雨.其淋雨总量最小.

1.5　椅子能在不平的地面上放稳吗?

在日常生活里,把四条腿的椅子放在不平的地面上,其中三条腿同时着地(不在同一条直线上的三点确定一个平面),如果第四条腿不着地,椅子未放稳,那只需稍作挪动,就可以使四条腿同时着地,椅子放稳了.你如何证实这种实际现象.

第一步,提出问题

为便于说明问题,我们先进行模型假设.

①椅子:假设椅子的四条腿一样长,椅子腿与地面接触处视为一点,四条腿的连线呈正方形.

②地面:地面高度是连续变化的,地面无断裂,呈连续曲面.

③椅子与地面的相对关系:对椅子腿的间距和椅子腿的高度而言,地面是相对平坦的,因而能使椅子在任何位置上呈三条腿同时着地.

为把现实问题转化为数学问题,人们将椅子放到直角坐标平面上,A、B、C、D 为四条腿与地平面的接触点(或投影点),连线后构成正方形 $ABCD$,是一个中心对称图形,如图 1-5 所示.

(1)"稍作挪动"——其数学语言可描述为:假设椅子中心投影 O 不变,仅作旋转,用角 θ 来描述椅子位置.图 1-5 表示正方形 $ABCD$ 旋转 θ 角是正方形 $A'B'C'D'$.

(2)如何度量椅子脚着地与否?用椅子脚与地面的距离来度量,零距离表示椅子脚着地,非零距离则表示椅子脚不着地.

(3)如何度量椅子放稳否?这是整个模型的关键问题,我们需要找出椅子放稳与否的数学描述和表征.由上知,椅子脚离地面距离是 θ 的函数,又由于图形 AB-CD 中心对称,我们可用以下 $f(\theta)$ 和 $g(\theta)$ 度量之,即设

    $f(\theta)=A$、C 处两椅子脚与地面的距离之和;

    $g(\theta)=B$、D 处两椅子脚与地面的距离之和.

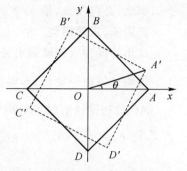

图 1-5 正方形 ABCD 旋转 θ 角得正方形 $A'B'C'D'$

    显然,$f(\theta)\geqslant0$,$g(\theta)\geqslant0$.由假设(2)知,$f(\theta)$、$g(\theta)$ 为 θ 的连续函数;由假设(3)知,由于三点着地,故对任意位置 θ,$f(\theta)$ 和 $g(\theta)$ 中至少有一个为零,即 $f(\theta)\cdot g(\theta)=0$.我们不妨假设 A、C 处椅子两脚着地;B、D 处有一脚未着地.于是有 $f(0)=0$,$g(0)>0$.

    如果"稍作挪动",即旋转一适当角 θ_0,使 $f(\theta_0)=g(\theta_0)=0$,那么就表明椅子四只脚着地,椅子放稳了.如此,核心问题归结为:只需证明找到一个适当的角 θ_0,使 $f(\theta_0)=g(\theta_0)=0$ 成立.

    (提出一个实质性数学问题是关键.数学建模有时提出一个问题比解决问题还要重要)

第二步,选择建模方法

我们可以选择零点定理来建模.

如果 x_0 使 $f(x_0)=0$,则 x_0 称为函数 $f(x)$ 的零点.

零点定理:设函数 $f(x)$ 在闭区间 $[a,b]$ 上连续,且 $f(a)$ 与 $f(b)$ 异号(即 $f(a)\cdot f(b)<0$),那么在开区间 (a,b) 内至少有一点 x_0 使 $f(x_0)=0$.

其几何意义如图 1-6 所示.

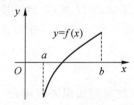

图 1-6 零点定理的几何意义

第三步,推导模型的公式

设 $f(\theta)$、$g(\theta)$ 为非负连续函数,如果 $f(\theta)\cdot g(\theta)=0$ 且 $f(0)=0$,$g(0)$

＞0；那么，必存在 θ_0，使 $f(\theta_0)=g(\theta_0)=0$ (1-18)

第四步，求解模型

这里的模型求解就是要证明上述命题，现证明之.

证明 将椅子旋转 $\dfrac{\pi}{2}$，即正方形 AC 边转至 BD 边，BD 边转至 AC 边.

AC 的初始情形时，有 $f(0)=0,g(0)>0$；AC 转至 BD 边位置后，有 $f\left(\dfrac{\pi}{2}\right)>0,g\left(\dfrac{\pi}{2}\right)=0$. 令 $h(\theta)=f(\theta)-g(\theta)$，则有

$$h(0)=f(0)-g(0)<0,h\left(\dfrac{\pi}{2}\right)=f\left(\dfrac{\pi}{2}\right)-g\left(\dfrac{\pi}{2}\right)>0.$$

因 $f(\theta)$、$g(\theta)$ 为连续函数，故 $h(\theta)$ 也为连续函数. 由连续函数的零点定理知：存在 $\theta_0\left(0<\theta_0<\dfrac{\pi}{2}\right)$，使 $h(\theta_0)=0$，即有 $f(\theta_0)=g(\theta_0)$.

又 $f(\theta)\cdot g(\theta)=0$，故有：$f(\theta_0)=g(\theta_0)=0$.

第五步，回答问题

再把 $f(\theta_0)=g(\theta_0)=0$ 这一数学语言"翻译"成日常用语，表明椅子四脚均着地，椅子放稳了. θ_0 便是要挪动(旋转)的适当角度. 由于地面相对平坦，所以不考虑平移，仅考虑旋转是允许的.

【思考】 如果椅子四条腿的连线是长方形的，椅子能放稳吗？

1.6 最优观点与最大视角

1471 年，德国数学家 J·米勒(Miller)提出如下问题：

当人们在瞻仰一尊高大的英雄塑像时，站在何处观看，觉得塑像最大？

第一步，提出问题

为了方便，我们设英雄塑像高 H 米，塑像底座高 p 米，一人从远处注视塑像朝他走去，此人眼距地面 h 米，问题是：此人走到哪一点观看塑像时，觉得塑像最大(即视角最大)？

第二步，选择建模方法

我们可以选择平面几何的有关知识来建模.

1. 三角形的一个外角大于一个不相邻的内角.

2. 圆的弦切角等于同弧上的圆周角.

3. 切割线定理：如图 1-7 所示，$FD^2=FB\times FA$.

第三步,推导模型

分三种情况:

1. 如果人的水平视线与塑像有交点,则离塑像越近,视角越大,感到塑像也越大.

2. 如果人的水平视线与塑像不相交,不妨设人的眼睛离地的高度 $h < p$,最优观察点待定.

3. 如果人的眼睛离地的高度 $h > H + p$,与 $h < p$ 相似地讨论.因此,只需针对第 2 种情况进行建模.

如图 1-7 所示,AB 是塑像,BC 是底座,α 与 β 是不同的视角.

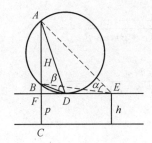
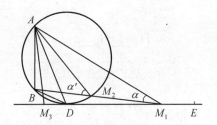

图 1-7 切割线定理   图 1-8 最大视角与最优观点

作距地面为 h 的水平线 DE,作圆过 A,B 两点且与 DE 相切,切点为 D,则 D 点就是人眼的最优观点,$\angle ADB$ 是最大视角.

第四步,求解模型

这里的模型求解就是要证明上述命题,现证明之.

证明 事实上,人眼在水平线 DE 上,除 D 点外,DE 上任一点皆在圆外,如图 1-8 所示,若人眼在 D 点右侧 M_1 点,连接 BM_1 与圆交于 M_2,则 $\angle AM_2B = \angle ADB$,而 $\angle AM_2B$ 是 $\triangle AM_2M_1$ 之外角,$\angle AM_2B > \angle AM_1B$.若人眼在 D 点左侧,同理可证视角小于 $\angle ADB$.可见,$\angle ADB$ 是最大视角,D 点是最优观点.

例如,10 尺高的塑像,安放于 13 尺的底座上,人眼高 5 尺,求最佳观点 D.

由切割线定理得:

$$FD^2 = FB \times FA, \text{而} FB = 13 - 5 = 8, FA = 13 + 10 - 5 = 18$$

则 $FD = \sqrt{8 \times 18} = 12$(尺),即人眼 D 与底座的水平距离为 12 尺,才使得塑像看起来最大.

第五步,回答问题

当人的眼睛离地的高度 $h<p$ 时,过塑像最高点与最低点,且地平线作为切线作一个圆,圆与切线的交点(切点)即为所找的最佳观察点.

【思考】 10 尺高的塑像,安放于 13 尺的底座上,如果人站在高处往下俯视,当眼高 15 尺,求最佳观点 D.

【比较】 用导数求最小值法建模并求解:

记 $\tan\beta=\dfrac{BF}{FE}=\dfrac{p-h}{x}$,设 $y=\tan\alpha$,

记 $\tan(\alpha+\beta)=\dfrac{AF}{FE}=\dfrac{H+p-h}{x}$,则

$$y=\tan\alpha=\tan[(\alpha+\beta)-\beta]=\frac{\tan(\alpha+\beta)-\tan\beta}{1+\tan(\alpha+\beta)\tan\beta}$$

$$=\frac{\dfrac{H+p-h}{x}-\dfrac{p-h}{x}}{1-\dfrac{H+p-h}{x}\cdot\dfrac{p-h}{x}}=\frac{Hx}{x^2+(H+p-h)(p-h)}$$

求导得 $y'=\dfrac{H(H+p-h)(p-h)-Hx^2}{[x^2+(H+p-h)(p-h)]^2}$

令 $y'=0$ 得: $x=\sqrt{(H+p-h)(p-h)}$.

这正是: $FD=\sqrt{FB\times FA}$. J・米勒(Miller)为什么不用导数来解决此问题呢? 原来他处的时代还没有微积分知识呢! Miller 用初等几何学知识不也很漂亮地解决了这一问题吗? 其实简捷的往往是最美的.

1.7 水库洪水预报与调度

我国地域广阔,夏季防汛任务普遍较重,如 1991 年长江、淮河流域,1998 年长江、松花江流域都发生了特大洪涝灾害. 为给防汛抗旱、抢险救灾、水资源和水利工程管理提供直接、准确的水文情报,对水库的水量进行实时洪水预报是非常必要的. 它与人民的生命财产和国民经济的关系十分密切,是水库防洪调度工作中一项不可缺少的非工程措施,对水库防洪具有很重要的意义. 合理利用水库的调节功能,对可能发生的险情做好预测,可有效降低灾害造成的损失程度,根据实际情况不断修改调整方案使其更加可行,更能发挥效益.

第一步,提出问题

问题 1　某地防汛部门为做好当年的防汛工作,根据本地往年汛期特点和当年气象信息分析,利用当地一水库的水量调节功能,制订当年的防汛计划:从 6 月 10 日零时起,开启水库 1 号入水闸蓄水,每天经过 1 号水闸流入水库的水量为 6 万米³;从 6 月 15 日零时起,打开水库的泄水闸泄水,每天从水库流出的水量为 4 万米³;从 6 月 20 日零时起,再开启 2 号入水闸,每天经过 2 号入水闸流入水库的水量为 3 万米³;到 6 月 30 日零时,入水闸和泄水闸全部关闭.根据测量,6 月 10 日零时,该水库的蓄水量为 96 万米³.

(1)求开启 2 号入水闸后水库蓄水量(万米³)与时间(天)之间的函数关系式;

(2)如果该水库的最大蓄水量为 200 万米³,问该地防汛部门的当年汛期(到 6 月 30 日零时)的防汛计划能否保证水库的安全(水库的蓄水量不超过水库的最大蓄水量)? 请说明你的理由.

问题 2　问题 1 是防汛计划,实施过程中严格执行了该计划.但 6 月 30 日零时工作人员去关闭水闸时,发现水库的水位已超过安全线,说明除了 2 个水闸进水外,还有诸如直接落入水库的雨水、水库周围高地流入水库的雨水等.为了排除险情,需要打开备用泄水闸.水库建有 10 个备用泄水闸,经测算,若打开 1 个泄水闸,30 个小时水位降至安全线;若打开 2 个泄水闸,10 个小时水位降至安全线,每个闸门泄洪的速度相同.现在抗洪指挥部要求在 3 个小时使水位降至安全线以下,问至少要同时打开几个泄水闸?

第二步,选择建模方法

我们选择初等数学中的方程和函数等相关知识来建模.具体步骤如下:

1.根据需要设未知数.

2.利用进出水库水量的关系列出方程或函数关系.

3.按计划要求得出不等量关系.

第三步,推导模型

根据题意,可按如下步骤建立数学模型:

1.根据需要设未知数,如表 1-7 所示.

表 1-7　水库洪水预报与调度问题符号

变　量	含　义
x	开启 2 号入水闸后的时间(单位:天)
y	开启 2 号入水闸后的第 x 天的零时水库的蓄水量(单位:万米³)

续 表

变量	含 义
w	水库中已有的超安全线水量（单位：米³）
m	扣除原泄水闸泄水后每小时流入水库的水量（单位：米³）
z	每个泄水闸每小时的泄水量（单位：米³）
n	水位在 3 小时以内降至安全线以下时需要打开的泄水闸个数

2.利用进出水库水量的关系列出方程或函数关系，根据计划要求得出不等量关系.

问题 1 的模型推导：

（1）从 6 月 10 日至 20 日 10 天间 1 号进水闸共进水 6×10 万米³，之后每天进水 $6+3=9$ 万米³（每天经过 1 号进水闸和 2 号进水闸流进的总水量），从 15 日零时每日流出水量 4 万米³，开启 2 号入水闸后的第 x 天时流出 $4(x+4)$ 万米³. 因此，只要用该水库 6 月 10 日零时的蓄水量 96 万米³ 加上 6 月 10 日至 20 日 10 天间 1 号进水闸共进水 6×10 万米³，再加上每天经过 1 号进水闸和 2 号进水闸流进的总水量 $(6+3)(x-1)$ 万米³，之后减去开启 2 号入水闸后的第 x 天时流出的水量，可得到开启 2 号入水闸后水库蓄水量 y（万米³）与时间 x（天）之间的函数关系式：
$$y = 96 + 6 \times 10 + (6+3)(x-1) - 4(x+4)$$

（2）只要令 $y = 96 + 6 \times 10 + (6+3)(x-1) - 4(x+4)$ 中的 $y \leqslant 200$ 即可得到 x 的范围，从而最终得出该地防汛部门的当年防汛计划能保证水库是否安全的结论.

问题 2 的模型推导：

设水库已有超安全线水位的水量 w 米³，扣除原泄水闸泄水后流入水库的水量为每小时 m 米³，每个泄水闸每小时泄水 z 米³.

由题意应有关系式：
$$\begin{cases} w + 30m = 30 \cdot z \\ w + 10m = 2 \cdot 10z \end{cases}$$

假设打开 n 个泄水闸，要使水位在 3 小时以内降至安全线以下，须满足以下条件：
$$w + 3m \leqslant 3nz.$$

只要求出满足以上条件的整数解即可.

第四步,求解模型

问题1的求解:

(1)从 6 月 10 日至 20 日 10 天间 1 号进水闸共进水 6×10 万米³,之后每天进水 $6+3=9$ 万米³,从 15 日零时每日流出水量 4 万米³,开启 2 号入水闸后的第 x 天时流出 $4(x+4)$ 万米³. 因此,

$$y = 96 + 6 \times 10 + (6+3) - 4(x+4)$$

即 $\quad y = 131 + 5x, 1 \leqslant x \leqslant 10$(第 1 天零时即 6 月 20 日零时)

(2)由 $131 + 5x \leqslant 200$,解得 $x \leqslant 13.8$,即到 6 月 30 日零时止,水库中的蓄水量不会超过 200 万米³,故该地防汛部门的当年防汛计划能保证水库的安全.

问题2的求解:

设水库已有超安全线水位的水量 w 米³,扣除原泄水闸泄水后流入水库的水量为每小时 m 米³,每个泄水闸每小时泄水 z 米³.

由题意应有关系式:

$$\begin{cases} w + 30m = 30 \cdot z \\ w + 10m = 2 \cdot 10z \end{cases}$$

即

$$\begin{cases} w = 15z \\ m = 0.5z \end{cases}$$

假设打开 n 个泄水闸,可在 3 小时以内使水位降至安全线以下,则有 $w + 3m \leqslant 3nz$. 将 $\begin{cases} w = 15z \\ m = 0.5z \end{cases}$ 代入,求解可得 $n \geqslant 5.5$.

因为 n 为自然数,所以 $n \geqslant 6$,即至少要同时打开 6 个泄水闸.

第五步,回答问题

问题1:

(1)开启 2 号入水闸后水库蓄水量 y(万米³)与时间 x(天)之间的函数关系式为:$y = 131 + 5x, 1 \leqslant x \leqslant 10$(第 1 天零时即 6 月 20 日零时).

(2)到 6 月 30 日零时止,水库中的蓄水量不会超过 200 万米³,故该地防汛部门的当年防汛计划能保证水库的安全.

问题2:至少要同时打开 6 个泄水闸,才能符合指挥部在 3 个小时内使水位降至安全线以下的要求.

第六步,拓展问题

变题 1 某地要建一个水库,设计中水库最大容量为 1.28×10^5 米³. 在

山洪暴发时,预计注入水库的水量 S_n(单位:米^3)与天数 $n(n\in N,n\leqslant10)$的关系式是 $S_n=5000\sqrt{n(n+24)}$.设水库原有水量 8×10^4 米^3,泄水闸每天泄水量为 4×10^3 米^3.若山洪暴发时的第一天就打开泄水闸,问 10 天中,堤坝是否会发生危险(水库水量超过最大容量时,堤坝会发生危险).

变题 2 某河流 G 段地区,汛前水位高 120 厘米,水位警戒线为 300 厘米.若水位超过警戒线,河堤就会发生危险.预测汛期来临时,水位线提高量 l_n 与汛期天数的函数关系式为 $l_n=20\sqrt{5n^2+12n}$.为防止河堤发生危险,堤坝上有泄水涵道,每天的排水量可使水位线下降 40 厘米.如果从洪汛期来临的第一天起即排水泄洪,问从第几天起开始出现险情?

附 变题 1 主要建模思路:

设第 n 天发生危险,这时水库水量为

$$8\times10^4+5\times10^3\times\sqrt{n(n+24)}-4\times10^3\times n.$$

根据题意,有

$$8\times10^4+5\times10^3\times\sqrt{n(n+24)}-4\times10^3\times n>1.28\times10^5.$$

整理得

$$n^2+24n-16^2>0$$

解得

$$n>8,n<-32(舍去)$$

又由题意可知 $n\leqslant10$,故 $n=9$,即第 9 天会发生危险.

变题 2 主要建模思路:

第 n 天升高的水位 $h=20\sqrt{5n^2+12n}-40n$,当 $h\leqslant180$ 时,出现险情,解得 $n\geqslant27$,也就是说,汛期来临后第 27 天起出现险情.

1.8 旅行的学问

随着人们生活水平的不断提高,利用节假日外出旅游逐渐成为一种时尚,然而选择哪一家旅行社、确定哪一种旅行方案却经常成为即将外出旅游的准游客们发愁的问题?选择的结果也直接影响着旅游的质量,旅游的确是一种时尚,也是一种学问.如何解决这类问题呢?

第一步,提出问题

问题 1 一批旅游者决定分乘几辆大巴车外出旅行,要求每辆车乘坐同样的人数.已知每辆车最多乘 32 人.起先每车乘 22 人,可是发现这时有一人

坐不上车;如果开走一辆车,那么所有的旅游者刚好平均分乘余下的汽车,试问原有旅游者多少人? 原有多少辆大汽车?

问题 2 李教授将从北京出发,前往智利的圣地亚哥参加国际学术会议,现有两种旅行方案可供选择.

(1)甲方案:从北京出发,先向西飞往美国纽约,再从纽约向南飞往圣地亚哥;

(2)乙方案:从北京出发,先向南飞往澳大利亚的弗里曼特尔,再从弗里曼特尔向西飞往圣地亚哥.

为简单起见,把北京的地理位置粗略看做是东经 120 度,北纬 40 度;纽约的地理位置大致是西经 70 度,北纬 40 度;澳大利亚的弗里曼特尔的地理位置大致是东经 120 度,南纬 30 度;智利的圣地亚哥的地理位置大致是西经 70 度,南纬 30 度.假设飞行航线走的都是球面距离,请你比较这两种方案哪一种飞行距离更短些? 说明理由.

第二步,选择建模方法

根据题设条件,我们借助质数和球体的性质,利用不等式的相关知识来建模.

第三步,推导模型

根据题意,可按如下步骤建立数学模型:

为解决问题的方便,不妨假设地球是球体.

1.根据需要设未知数,如表 1-8 所示.

表 1-8　旅行的学问问题符号

变量	含义
R	地球半径
B	北京
N	纽约
F	弗里曼特尔
S	圣地亚哥
d_{AB}	地球上 A、B 两点之间的球面距离
$l_{甲}$	甲方案的航线总长度
$l_{乙}$	乙方案的航线总长度

2.利用质数和球体的性质列出相应不等式,得到相应模型.

问题 1 的模型推导:

(1)开走一辆车后,从该车内下车的人数加上多出来的那一人,即此时

未上车人数为 $22+1=23$ 人.因为 23 是质数,其因数只有 1 和 23.所以要把这 23 个人平均分配至各车,要么 23 人同上一辆车,要么每车分配一人.

若只余下一辆车,这 23 人全上这辆车,但此时 $22+23=45>32$,这违背了题设中每辆车最多只能乘坐 32 人的条件,因而这种情形是不可能的.

于是只能是每车分配 1 人.相应的旅游者人数和汽车数量也不难算出.

问题 2 的模型推导:

前文中已经假设地球是球体且用 R 表示地球的半径,用 B、N、F、S 分别表示北京、纽约、弗里曼特尔、圣地亚哥四个城市,用 d_{AB} 表示地球上 A、B 两点之间的球面距离.则

甲方案的航线长:$l_甲 = d_{BN} + d_{NS}$,

乙方案的航线长:$l_乙 = d_{BF} + d_{FS}$.

因为经度线就是地球的大圆线,所以

$$d_{BF} = d_{NS} = \frac{(30+40) \cdot \pi R}{180}(向南飞是沿经线飞行).$$

所以,只要比较 d_{BN} 和 d_{FS} 即可.

第四步,求解模型

问题 1 的求解:

根据前文的分析,要么 23 人同上一辆车,要么每车分配一人.根据题设条件和质数的性质可知,23 人全上同一辆车这种情形是不可能出现的.于是只能是每车分配 1 人.

相应的旅游者人数是:$23 \times 23 = 529$ 人(或者 $22 \times 24 + 1 = 529$ 人).

由于每车分配 1 人,所以旅游车的数量是:$1 \times 23 + 1 = 24$ 辆.

问题 2 的求解:

根据前面的分析,我们只要比较 d_{BN} 和 d_{FS} 即可,因为地球此时被我们看作理想球体,所以,

$$d_{BN} = \frac{(120+70) \cdot \pi(R\cos40°)}{180} = \frac{190 \cdot \pi R}{180} \cdot \cos40°$$

$$d_{FS} = \frac{(120+70) \cdot \pi(R\cos30°)}{180} = \frac{190 \cdot \pi R}{180} \cdot \cos30°$$

因为 $\cos40° < \cos30°$,所以 $d_{BN} < d_{FS}$,从而

$$l_甲 = d_{BN} + d_{NS} < l_乙 = d_{BF} + d_{FS}$$

第五步,回答问题

问题 1:原有旅游者 529 人,原有 24 辆旅游大汽车.

问题2:甲方案的飞行距离更短些,理由详见步骤四.

愉快的旅游需要理性的选择,旅行是一种时尚,也是一种学问,要研究的问题远不止这些,研究这类问题有很大的经济价值.

思考与练习1

1. 某甲早8时从山下旅店出发沿一条路径上山,下午5时到达山顶并留宿.次日早8时沿同一路径下山,下午5时回到旅店.某乙说,甲必在两天中的同一时刻经过路径中的同一地点.为什么?

2. 37支球队进行冠军争夺赛,每轮比赛中出场的每两支球队中的胜者及轮空者进入下一轮,直至比赛结束.问共需进行多少场比赛?

3. 甲、乙两站之间有电车相通,每隔10分钟甲、乙两站相互发一趟车,但发车时刻不一定相同,甲乙之间有一中间站丙,某人每天在随机的时刻到达丙站、并搭乘最先经过丙站的那趟车,结果发现100天中约有90天到达甲站,仅约10天到达乙站.问开往甲、乙两站的电车经过丙站的时刻表是如何安排的?

4. 某人家住 T 市在他乡工作,每天下班后乘火车于6时抵达 T 市车站,他的妻子驾车准时到车站接他回家.一日他提前下班搭早一班火车于5时半抵 T 市车站,随即步行回家,他的妻子像往常一样驾车前来,在半路上遇到他接回家时,发现比往常提前了10分钟.问他步行了多长时间?

5. 一男孩和一女孩分别在离家2千米和1千米且方向相反的两所学校上学,每天同时放学后分别以4千米/小时和2千米/小时的速度步行回家.一小狗以6千米/小时的速度由男孩处奔向女孩,又从女孩处奔向男孩,如此往返直至回到家中,问小狗奔波了多少路程?如果男孩和女孩上学时小狗也往返奔波在他们之间.问当他们到达学校时小狗在何处?

6. 学校共1000名学生,235人住在 A 宿舍,333人住在 B 宿舍,432人住在 C 宿舍,学生们要组织一个10人的委员会,试用下列办法分配各宿舍的委员人数:

(1)按比例分配取整数的名额后,剩下的名额按惯例分给小数部分较大者.

(2)2.1节中的 Q 值法.

(3)d'Hondt方法:将 A,B,C 各宿舍的人数用正整数 $n=1,2,3,\cdots$ 相除,其商数如表1-9所示.

表 1-9　用 d'Hondt 法计算商数

	1	2	3	4	5	…
A	235	117.5	78.3	58.75	…	
B	333	166.5	111	83.25	…	
C	432	216	144	108	86.4	…

将所得商数从大到小取前 10(10 为席位数),在数字下标以横线,表中 A,B,C 行有横线的数分别为 2,3,5,这就是 3 个宿舍分配的席位.你能解释这种方法的道理吗?

如果委员会从 10 人增至 15 人,用以上 3 种方法再分配名额,将 3 种方法两次分配的结果列表比较.

(4)你能提出其他的方法吗?用你的方法分配上面的名额.

7. 在超市购物时你注意到大包装商品比小包装商品便宜这种现象了吗.比如洁银牙膏 50 克装的每支 1.50 元,120 克装的每支 3.00 元,二者单位重量的价格比是 1.2:1,试用比例方法构造模型解释这个现象.

(1)分析商品价格 C 与商品重量 w 的关系.价格由生产成本、包装成本和其他成本等决定,这些成本中有的与重量 w 成正比,有的与表面积成正比,还有与 w 无关的因素.

(2)给出单位重量价格 C 与 w 的关系,画出它的简图,说明 w 越大 C 越小,但是随着 w 的增加 C 减小的程度变小,解释实际意义是什么.

8. 一垂钓俱乐部鼓励垂钓者将钓上的鱼放生,打算按照放生的鱼重量给予奖励,俱乐部只准备了一把软尺用于测量,请你设计按照测量的长度估计鱼的重量的方法.假定鱼池中只有一种鲈鱼,并且得到 8 条鱼的如表 1-10 所示的数据(胸围指鱼身的最大周长):

表 1-10　8 条鱼的已知数据

身长(厘米)	36.8	31.8	43.8	36.8	32.1	45.1	35.9	32.1
重量(克)	765	482	1162	737	482	1389	652	454
胸围(厘米)	24.8	21.3	27.9	24.8	21.6	31.8	22.9	21.6

先用机理分析建立模型,再用数据确定参数.

9. 用宽 w 的布条缠绕直径 d 的圆形管道,要求布条不重叠,问布条与管道轴线的夹角 a 应多大.如知道管道长度,需要多长布条(可考虑两端的影响).如果管道是其他形状呢?

10.用已知尺寸的矩形板材加工半径一定的圆盘,给出几种简便、有效的排列方法,使加工出尽可能多的圆盘.

11.你要在雨中从一处沿直线走到另一处,雨速是常数,方向不变.你是否走得越快,淋雨量越少呢?

12.某水库共可蓄水 130000 米³,该地区 2010 年 8 月 1 日零时至 8 月 22 日 24 时为大汛期,在大汛期中第 n 天注入水库的水量为 $a_n = nP + 100$(米³),其中 P 为定值.已知 8 月 1 日零时水库的存水量为 110000 米³,且大汛期的第一、二两天注入书库的存水量为 1700 米³.

(1)求 P 的值;

(2)该水库有两个泄洪闸,每打开一个闸门,一天可泄水 6000 米³,为了保证水库的安全,又要减轻下游地区的抗洪压力,指挥部于 8 月 8 日零时打开了第一个泄洪闸.求第二泄洪闸最迟应在哪一天打开?

13.旅行社为了吸引更多的游客加入,各自推出了独特的营销策略,实行团体优惠更是司空见惯.甲、乙两家旅行社对家庭旅行者的优惠条件分别是:甲旅行社称,凡全家旅游,其中一人交全费的 $\frac{7}{6}$,其余的人可享受半价优惠;乙旅行社称,凡全家旅游,所有人均按原价的 $\frac{2}{3}$ 优惠.若甲、乙两家旅行社的原价相同,问:

(1)一个三口之家应选择哪家旅行社为好?

(2)现有两个三口之家准备结伴旅游,可以分别登记,也可以以一个家庭为单位合并登记,应如何选择?

第2模块 微积分模型

　　微积分理论包括导数、微分、不定积分、定积分和微分方程,它是研究函数变化规律的有力工具,有着广泛的实际应用.针对研究的对象,构建函数关系是分析问题的核心,建立方程是关键.通过极值(最值)理论可以解决部分优化问题;通过积分可以解决面积、体积和物体做功等类似的"积和"问题;通过建立微分方程模型可以解决变化率问题和物质系统运动规律.一般来说,求积分和求解微分方程的解析解是困难的,可以借助数学软件来求解.

　　树木在成长过程中,它的高度、树干的直径会随着时间变化;河流、湖泊的水位也会随着时间变化;商品的价格也会随着时间变化……这些变化有时快、有时慢.描述变化快慢的量就是变化率.

　　变化率表示变化的快慢,不表示变化的大小.速度大,加速度不一定大.速度大,结果未必就好.速度大,变化率也大,结果才优.人生、社会其实也是如此.现实生活中,我们经常能够遇到匀变速直线运动问题.如何将生活化的问题用数学知识回答,正是数学建模的魅力所在.

2.1 售猪问题

　　一头猪重 90 公斤,每天增重 2.25 公斤,饲养一天花费 3.42 元.猪的市场价格为每公斤 10.88 元,但每天下降 8%,求出售猪的最佳时间.

　　第一步,提出问题

　　在本例中,全部的变量包括:猪的重量 w(公斤),从现在到出售猪期间经历的时间 t(天),t 天内饲养猪的花费 C(元),猪的市场价 p(元/公斤),售出生猪所获得的收益 R(元),我们最终获得的净收益 L(元).这里还有一些其他有关量,如猪的初始重量(90 公斤)等,但它们不是变量.这里把变量和参量区别开是很重要的.

下面来确定对这些变量所做的假设.这里考虑到了参量在模型中的影响.猪的重量从初始的 90 公斤按每天 2.25 公斤增加,有:

$$w(公斤)=90(公斤)+2.25(公斤/天)\cdot t(天).$$

这里我们把变量的单位也包括进去,从而可以检验的列式子是否有意义.

该问题中涉及的其他假设包括:

$$p(元/公斤)=10.88(元/公斤)-0.08(元/公斤\cdot天)\cdot t(天)$$
$$C(元)=3.42(元/天)\cdot t(天)$$
$$R(元)=p(元/公斤)\cdot w(公斤)$$
$$L(元)=R(元)-C(元).$$

我们还要假设 $t\geqslant0$,在这个问题中,我们的目标是求净收益的最大值.表 2-1 对第一步所得的结果进行了归纳,以便于后面参考.

表 2-1　售猪问题的第一步结果

变　量	假　设	目　标
$t=$时间(天)	$w=90+2.25t$	求 L 的最大值
$w=$猪的重量(公斤)	$p=10.88-0.08t$	
$p=$猪的价格(元/公斤)	$C=3.42t$	
$C=$饲养 t 天的花费(元)	$R=pw$	
$R=$售出猪的收益(元)	$L=R-C$	
$L=$净收益(元)	$t\geqslant0$	

第二步,选择建模方法

我们可以选择求函数的极值方法来建模.

对于实值函数 $y=f(x)$.设 $f(x)$ 在点 x_0 是可微的.若 $f(x)$ 在 x_0 处达到极大或极小,则 $f'(x_0)=0$.这一结论由一个定理保证.据此我们可以在求极大或极小点时不考虑那些 $f'(x_0)\neq0$ 的点.只要 $f'(x_0)=0$ 的点不太多,这个方法就很有效.

第三步,推导模型的公式

我们把第一步得到的问题应用于第二步,写成所选建模方法需要的标准形式,以便于我们应用标准的算法过程求解.如果所选的建模方法通常采用一些特定的变量名,比如我们的这个例子,那么把我们问题中的变量名改

换一下会比较方便理解. 我们有:
$$L = R - C = pw - 3.42t = (10.88 - 0.08t)(90 + 2.25t) - 3.42t$$

记 $y = L$ 作为需最大化的目标变量, $x = t$ 作为自变量. 问题现在化为求下面函数的最大值:
$$y = (10.88 - 0.08x)(90 + 2.25x) - 3.42x \tag{2-1}$$

第四步, 求解模型

我们要对(2-1)式中定义的 $y = f(x)$ 在区间 $x \geqslant 0$ 上求最大值. 图 2-1 给出了 $y = f(x)$ 的曲线. 我们计算出:
$$f'(x) = -0.36x + 13.86$$

则在点 $x = 38.5$ 处 $f'(x) = 0$. 又由于 $f''(x) = -0.36 < 0$, 曲线开口向下(凸的), 则点 $x = 38.5$ 是整体的最大值点. 在此点有 $y = f(38.5) = 1246.005$.

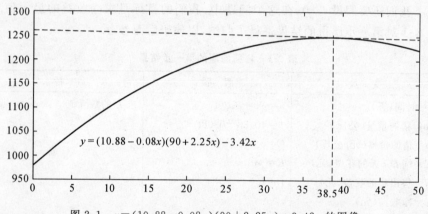

图 2-1 $y = (10.88 - 0.08x)(90 + 2.25x) - 3.42x$ 的图像

第五步, 回答问题

何时售猪可以达到最大的净收益? 由我们的数学模型得到的答案是在 38 或 39 天之后, 可以获得净收益约 1246 元. 只要第一步中提出的假设成立, 这一结果就是正确的. 相关的问题及其他不同的假设可以按照第一步中的做法调整得到.

下面我们进行灵敏性分析.

生猪现在的重量、现在的价格、每天的饲养花费都很容易测量, 而且有相当大的确定性. 猪的生长速率则不那么确定, 而价格的下降速率则确定性更低. 记 r 为价格下降的速率. 我们前面假设 $r = 0.08$ 元/天, 现在我们假设 r 的实际值是不同的. 对几个不同的 r 值重复前面的求解过程, 我们会对问题

的解关于 r 的敏感程度有所了解. 表 2-2 给出了几个不同的 r 值求出的计算结果. 我们可以看到售猪的最优时间对参数 r 是很敏感的.

表 2-2　最佳售猪时间 x 关于价格的下降速率 r 的灵敏性

r(元/天)	x(天)	r(元/天)	x(天)
0.08	38.5	0.11	22.5
0.09	32	0.12	19
0.1	26.8		

对灵敏性的更系统的分析是将 r 作为未知参数,仍按前面的步骤求解. 写出

$$p = 10.88 - rx$$

同前面一样得到

$$
\begin{aligned}
y &= f(x) \\
&= (10.88 - rx)(90 + 2.25x) - 3.42x
\end{aligned}
$$

然后计算

$$f'(x) = -4.5rx - 90r + 21.06$$

使 $f'(x) = 0$ 的点为

$$x = \frac{(21.06 - 90r)}{4.5r} \tag{2-2}$$

这样,只要 $x \geqslant 0$,即只要 $0 < r \leqslant 0.234$,最佳的售猪时间就由(2-2)式给出. 对 $r > 0.234$,抛物线最高点落在了求最大值的区间 $x \geqslant 0$ 之外. 在这种情况下,由于整个区间 $[0, +\infty)$ 上都有 $f'(x) < 0$,最佳的售猪时间为 $x = 0$.

猪的生长速度同样不很准确. 在前面假设 $g = 2.25$ 公斤/天. 一般地,我们有

$$w = 90 + gx$$

从而有公式

$$f(x) = (10.88 - 0.08x)(90 + gx) - 3.42x$$

于是

$$f'(x) = -0.16gx + 10.88g - 10.62$$

这时使 $f'(x) = 0$ 的点为

$$x = \frac{10.88g - 10.62}{0.16g} \tag{2-3}$$

只要由(2-3)式计算出的 $x \geqslant 0$,最佳售猪时间就由此公式给出.

将灵敏性数据表示成相对改变量或百分比改变形式,要比绝对改变量形式更自然也更实用.按照弹性的定义,我们有

$$E_{xr}=\frac{\mathrm{d}x}{\mathrm{d}r}\cdot\frac{r}{x}$$

我们称这个弹性值为 x 对 r 的灵敏性.在售猪问题中,在点 $r=0.08$ 得到

$$x=\frac{(21.06-90r)}{4.5r}=38.5$$

$$E_{xr}=\frac{\mathrm{d}x}{\mathrm{d}r}\cdot\frac{r}{x}=\frac{-21.06}{4.5r^2}\cdot\frac{r}{x}=\frac{-21.06}{4.5r}\cdot\frac{1}{x}=-1.52$$

即若 r 增加 1% ,则 x 下降 1.52% .由于当 $g=2.25$ 时,

$$x=38.5,\frac{dx}{dg}=\frac{10.62}{0.16g^2}$$

我们有

$$E_{xg}=\frac{\mathrm{d}x}{\mathrm{d}g}\cdot\frac{g}{x}=\frac{10.62}{0.16g^2}\cdot\frac{g}{x}=\frac{10.62}{0.16g}\cdot\frac{1}{x}=0.77$$

即若猪的生长率增加 1% ,就会导致要多等待 0.77% 的时间再将猪售出.

2.2 冰块融化模型

2010 年 3 月,黔中大地,遭受历史上罕见的旱情:全省 1743 万人受灾,580 万人饮水困难,91.6 万公顷农作物受灾……全国各族人民纷纷向灾区伸出援助之手.但寻找新的水源能够帮助灾区的人民尽快恢复正常的生活和生产秩序.建议之一是把西藏冰山拖到贵州,以期用融化冰块来提供淡水.讨论融化冰块需要多长时间.

第一步,提出问题

为讨论方便,我们不妨把冰块想象成一巨大的立方体(或长方体、棱锥体等具有规则形状的固体),并且假设在融化过程中冰块保持的形状不变.同时,冰块在运输的过程中没有融化.同时,冰块的质地(各种矿物质等的含量的百分比一定)是相同的.

冰块的融化同一般的固体融化一样,发生在表面融化.因此,描述冰块的融化速度,可以用冰块表面积的大小变化来描述.在这个问题里面,我们更关心的是:融化特定的冰块,需要多少时间?为此提出如下假设:

(1)冰块的融化是均匀的,并且在融化过程中,冰块正方体属性不发生变化.

(2)最前面的一个小时里冰块被融化掉 $n\%$ 的特定值.

第二步,选择建模方法

自然界中某量 D 的变化可以记为 ΔD,发生这个变化所用的时间间隔可以记为 Δt;变化量 ΔD 与 Δt 的比值 $\dfrac{\Delta D}{\Delta t}$ 就是这个量的变化率.

选择冰块的衰减率与表面积成比例关系建模.

第三步,推导模型的公式

对于棱长为 a 的正方体,显然有体积与棱长的关系 $V=a^3$,表面积与边长的关系 $S=6a^2$.根据导数的意义我们知道,冰块的衰减率是冰块融化时间的函数,而且成正比例关系.由于在融化过程中,冰块正方体的属性没有发生变化,因此正方体的棱长 a 是时间 t 的可微函数.

根据前面的分析与假设,我们可以得到冰块的衰减率 $\dfrac{\mathrm{d}V}{\mathrm{d}t}$ 与表面积具有以下正比例关系

$$\frac{\mathrm{d}V}{\mathrm{d}t}=-k6a^2\,(k>0) \tag{2-4}$$

其中比例因子 k 是常数,负号表示体积是不断缩小的.它依赖于很多因素,诸如周围空气的湿度和温度以及是否有阳光等等.

设融化前冰块的体积为 V_0,则有

$$V=a^3,\qquad \frac{\mathrm{d}V}{\mathrm{d}t}=-k(6a^2)$$

$$V(0)=V_0,\qquad V(1)=V_0\times(1-n\%)$$

讨论冰块融化成水的时间,显然是在求使 $V(t)=0$ 的 t.

第四步,求解模型

利用复合函数求导公式,对 $V=a^3$ 两边关于时间 t 求导得

$$\frac{\mathrm{d}V}{\mathrm{d}t}=3a^2\,\frac{\mathrm{d}a}{\mathrm{d}t} \tag{2-5}$$

令 $3a^2\,\dfrac{\mathrm{d}a}{\mathrm{d}t}=-k(6a^2)$,我们可以得到

$$\frac{\mathrm{d}a}{\mathrm{d}t}=-2k$$

上式表示立方体的边长 a 以每小时 $2k$ 的常速率减少,因此若立方体的边长 a 的初始长度为 a_0,n 小时后长度为 a_n,则有:一小时后 $a_1=a_0-2k$,两小时后为 $a_2=a_1-2k=a_0-4k$,……上述关系告诉我们,$a_0-a_1=2k$,a_1-

$a_2 = 2k \cdots \cdots$ 故冰块全部融化的时间 t 为使得 $2kt = a_0$ 的 t 值,从而有 $t = \dfrac{a_0}{2k} =$

$$\dfrac{a_0}{a_0 - a_1} = \dfrac{1}{1 - \dfrac{a_1}{a_0}}$$

以第一小时融化掉 $V \times n\%$ 的冰块为例,可得

$$\frac{V_1}{V_0} = 1 - n\%$$

因此,有

$$\frac{a_1}{a_0} = \frac{(V_1)^{\frac{1}{3}}}{(V_0)^{\frac{1}{3}}} = \frac{[(1-n\%)V_0]^{\frac{1}{3}}}{(V_0)^{\frac{1}{3}}} = (1-n\%)^{\frac{1}{3}} \tag{2-6}$$

第五步,回答问题

若第一小时融化掉冰块的 $\dfrac{1}{4}$,显然 $\dfrac{V_1}{V_0} = \dfrac{3}{4}$,所以有

$$t_{融化} = \frac{1}{1 - \left(\frac{3}{4}\right)^{\frac{1}{3}}} = \frac{1}{1 - 0.91} \approx 11.1$$

这说明,如果在 1 小时里有 $\dfrac{1}{4}$ 体积的冰块被融化掉,那么融化掉其余部分冰块所需时间约为 11 小时.

若第一小时融化掉冰块的 $\dfrac{1}{10}$,显然 $\dfrac{V_1}{V_0} = \dfrac{9}{10}$,所以有

$$t_{融化} = \frac{1}{1 - \left(\frac{9}{10}\right)^{\frac{1}{3}}} = \frac{1}{1 - 0.97} \approx 33.3$$

根据上面计算我们知道,如果在 1 小时里有 $\dfrac{1}{10}$ 体积的冰块被融化掉,那么融化掉其余部分冰块所需时间约为 33 小时. 当然,在实际操作过程中,我们还需要考虑,在运输过程中多少冰块被丢失掉?要多少时间才能把冰转化成可用水等. 因此,此方案存在诸多不可操作因素.

2.3 人口阻滞增长模型

人口的增长是人们普遍关注的问题之一. 英国人口学家马尔萨斯(1766—1834)根据百余年的人口统计资料,于 1798 年提出了著名的人口指

数增长模型,奠定了人口模型的基础.

马尔萨斯人口模型的基本假设是:单位时间内人口的增长量与当时的人口成正比.根据马尔萨斯假设,在时间 t 时的人口总数 $x(t)=x_0 e^{r(t-t_0)}$. 其中,x_0 表明初始时 t_0 的人口数量,r 为人口增长率.根据我国国家统计局限 1990 年 10 月 30 日发表的公报,1990 年 7 月 1 日我国人口总数 11.6 亿,过去 8 年人口平均增长率为 14.8‰,利用马尔萨斯人口模型计算,$t=2000,t_0$ $=1990,r=0.0148$ 代入,得到 2000 年我国人口总数为 13.45 亿,与实际情况大致吻合.但是当 $t\to\infty$ 时,根据马尔萨斯模型有 $x(t)\to\infty$.

第一步,提出问题

人口难道真得会无限增长?

这显然是不可能的.随着人口的增长,自然资源、环境条件等因素对人口增长的限制越来越显著,人口较少时,人口的自然增长率基本上是常数,而当人口增长到一定数量以后,这个增长率就要随着人口的增加而减少.因此,当人口增加到一定数量,需要对马尔萨斯关于净增长率是常数的基本假设进行修改.

第二步,选择建模方法

荷兰生物学家 Verhulst 提出以下假设:(1)由于自然资源的约束,人口存在一个最大容量 x_m.(2)增长率不是常数,随人口增加而减少.

根据微分理论,下面建立马尔萨斯优化模型.

第三步,推导模型的公式

由于自然资源的约束,人口存在一个最大容量 x_m,Verhulst 提出假定人口增长率等于 $r\left[1-\dfrac{x(t)}{x_m}\right]$,即当人口数量 $x(t)$ 很小且远小于 x_m 时,人口以固定增长率 r_0 增加;当 $x(t)$ 接近 x_m 时,增长率接近于零.r_0 和 x_m 可由统计数据确定.这样,得到阻滞增长模型为

$$\begin{cases} \dfrac{dx}{dt}=r_x\left(1-\dfrac{x}{x_m}\right) \\ x(0)=x_0 \end{cases} \tag{2-7}$$

第四步,求解模型

人口阻滞增长模型仍为可分离变量的微分方程.由分离变量法,解得

$$x(t)=\dfrac{x_m}{1+\left(\dfrac{x_m}{x_0}-1\right)e^{-r_0 t}} \tag{2-8}$$

人口增长率随人口数量变化曲线以及人口数量随时间变化曲线如图

2-2所示.

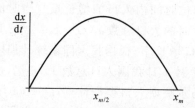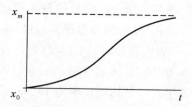

图 2-2　人口增长率和人口数量曲线

第五步,回答问题

阻滞增长模型与美国人口统计数据从 1800 年到 1960 年都吻合较好(见表2-3),1960 年后,误差变大.这时因为到 1960 年美国的实际人口已经突破了用过去数据确定的最大人口容量.人口容量不易准确得到是阻滞增长模型的不足之处,实际上人口容量也是随人们对自然资源的开发水平不断提高而改变的.

表 2-3　美国的实际人口与按两种模型计算的人口比较

年	实际人口(10^6)	指数增长模型		阻滞增长模型	
		(10^6)	误差(%)	(10^6)	误差(%)
1800	5.3				
1810	7.2	7.3	1.4		
1820	9.6	10.0	4.2	9.7	1.0
1830	12.9	13.7	6.2	13.0	0.8
1840	17.1	18.7	9.4	17.4	1.8
1850	23.2	25.6	10.3	23.0	−0.9
1860	31.4	35.0	10.8	30.2	−3.8
1870	38.6	47.5	23.8	38.1	−1.3
1880	50.2	65.5	30.5	49.9	−0.6
1890	62.9	89.6	42.4	62.4	−0.8
1900	76.0	122.5	61.2	76.5	0.7
1910	92.0	167.6	82.1	91.6	−0.4
1920	106.5	229.3	115.3	107.0	0.5

续 表

年	实际人口(10^6)	指数增长模型		阻滞增长模型	
		(10^6)	误差(%)	(10^6)	误差(%)
1930	123.2			122.0	−1.0
1940	131.7			135.9	3.2
1950	150.7			148.2	−1.7
1960	179.3			158.8	−11.4
1970	204.0			167.6	−17.8
1980	226.5				

Verhuls 阻滞模型又称 Logistic 模型. 更复杂的人口模型需考虑随时间和人口变化的人口增长率、同样随时间改变的人口容量以及与育龄妇女和人口年龄分布有关的人口基数,此外还需考虑天灾、战争等随机性因素对人口的影响. 这个模型适用于资源限制的任何"生物群体"问题的研究.

如某野生动物园放入某野生动物 20 只,若被精心照顾,野生动物的增长符合阻滞模型规律,在 t 年内,其总数为

$$x = \frac{220}{1+10(0.83)^t}$$

当该野生动物园野生动物达到 100 只时,没有精心的照顾,野生动物也将会进入正常生长状态,即其群体增长仍然符合上述规律. 我们更关心的问题是:

(1)需要精心照顾的期限为多少年?

(2)在这一野生动物园中,最多能供养多少只野生动物?

用 $x=100$ 代入

$$1+10(0.83)^t = 2.20$$
$$(0.83)^t = 0.12$$
$$t \approx 11 (年)$$

所以,只要精心照顾 11 年,这个野生动物园最多能供养 220 只野生动物.

2.4 新产品的推销模型

每一个经济学家和社会学家都十分关心新产品推广销售的速度问题,

并希望通过建立一个数学模型来描述它,进而分析出一些有用的结果来指导生产活动.

改革开放以来,中国制造业的快速发展对世界作出了巨大贡献,中国的电视机在全球范围内最受消费者欢迎. 建立电视机的销售模型,对中国制造品牌的销售,具有重要意义.

第一步,提出问题

记 t 时刻已售出的电视机总数为 $x(t)$. 由于质量、价格、信誉好,已在使用的电视机实际上在起着宣传品的作用,吸引着尚未购买的顾客. 同时,根据电视机的实际应用价值,每户电视机的容量是有上限的. 不妨设每一个电视机在单位时间内平均吸引 k 个顾客,容易求得在 $t+\Delta t$ 时刻电视机销售的增量为

$$x(t+\Delta t)-x(t)=kx(t)\Delta t$$

两边除以 Δt,令 $\Delta t \to 0$,有

$$\lim_{\Delta t \to 0}\frac{x(t+\Delta t)-x(t)}{\Delta t}=kx(t)$$

即 $x(t)$ 满足微分方程

$$\frac{\mathrm{d}x}{\mathrm{d}t}=kx(t) \tag{2-9}$$

其解为

$$x(t)=Ce^{kt}$$

若已知 $t=0$ 时,$x(0)=x_0$,则满足初值条件的解为

$$x(t)=x_0 e^{kt}$$

若取 $t=0$ 时为新产品诞生的时刻,则 $x(0)=0$,于是由上式推出 $x(t)\equiv 0$. 这一结果显然与事实不符. 若通过努力已有 x_0 数量的产品投入使用,则调查情况表明实际销售量在开始阶段的增长情况与上式十分相符. 在上式中,若令 $t \to +\infty$,则得出 $x(t) \to +\infty$,这也与事实不符,为什么?

第二步,选择建模方法

上述模型,只考虑了实物广告的作用,忽略了厂方可以通过其他方式宣传新产品从而打开销路,忽视了产品的市场容量问题,忽视了每户只需购买 1~2 台电视机就够了,即忽视了市场的容量. 由前面分析我们知道,产品的销售增长率与产品 t 时刻的销售量成比例关系,利用微分理论可以解决上述问题.

第三步,推导模型

不妨设需求量有一个上限,记作 K,它的意义是产品的市场容量.与人口的阻滞增长模型类似,构造一个新的与产品销量有关的增长率.实际上统计学家发现,若 t 时刻电视机销量为 $x(t)$,则尚未使用的人数大致为 $K-x(t)$,可以认为

$$\frac{\mathrm{d}x}{\mathrm{d}t} \propto x(t)[K-x(t)]$$

记比例系数为 k,则 $x(t)$ 满足

$$\frac{\mathrm{d}x}{\mathrm{d}t} = kx(t)[K-x(t)] \tag{2-10}$$

上述方程称为带有增长上限的 Logistic 模型.

第四步,求解模型

显然 Logistic 模型是可分离变量微分方程,对方程分离变量,并积分之,可解得

$$\begin{cases} x(t) = \dfrac{K}{1+Ce^{-Kkt}} \\ x(0) = x_0 \end{cases} \tag{2-11}$$

其中 C 是由初始条件确定的积分常数,其解式称为产品销售的增长曲线或 Logistic 曲线(见图 2-3).

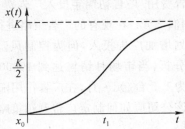

图 2-3　产品销售的 Logistic 曲线

第五步,回答问题

从产品销售的 Logistic 曲线不难分析出,在销售量小于最大销量(需求量)的一半时,销售速度是不断增大的;销售量达到最大需求量的一半时,该产品最为畅销,其后销售速度开始下降.

实际调查表明,销售曲线与 Logistic 曲线十分接近,尤其是销售后期,两者几乎完全吻合.美国和其他一些国家的经济学家也做了大量的社会调查,并建立了完全相同的模型.例如美国卡耐基梅隆大学(Carnegie-Mellon University)的 Edwin Mansfield 调查了四大主要工业 12 项新工艺的推广情况；爱荷华州调查了 1944—1955 这 12 年中一项新型 24-D 除草喷雾器的推广情况；爱荷华州、肯塔基州和阿拉巴马州还调查了 1934—1958 年间名为 Hybrid 的新谷物的推广情况。所有的调查结果均较好地符合 Logistic 曲线的特征，推广速率的增长过程一般均在达到最大需求量的一半时结束，只有一例例外，其增长过程一直持续到达最大需求量的 60％时才结束.

基于对 Logistic 曲线的分析，国外研究普遍认为：从 20％用户到 80％用户采用某一新产品这段时期，应为该产品正式大批量生产的较合适的时期，初期应采取小批量生产并加以广告宣传，后期则应适时转产，这样做可以取得较高的经济效益.

2.5 广告模型

信息社会使广告成为调整商品销售的强有力手段，一个成功的广告与销售存在正向的相关关系.但当商品趋于饱和时，商品的销售速度下降.如何制定正确的广告营销策略对于企业的生存与发展具有重要的现实意义.关于此问题的模型很多，这里仅介绍"独家销售的广告"模型.

某公司生产一款新型节能空调，即将上市，当这款新产品投放市场后，为了促销，就要产生广告费用.广告初期年投入广告费 1.2 万元，第一个月销售 3000 台，每台税后利润 2 元.在现有的广告策略进行到一年时，为加强产品的销售力度，公司计划增加广告投入，但为控制风险，公司年广告最大投入为 6 万元.经过调研分析，当市场月销售达到 10000 台时，市场将达到饱和.假设广告响应函数为 1.5 台/元·月，在广告作用随时间的增加每月的自然衰退速度为 0.2 时，该公司应如何制定广告营销策略.

第一步，提出问题

在本例中，全部的变量包括：S_0（台/月）为初始销售速度；$S(t)$（台/月）为第 t 个月的销售速度；市场的饱和水平 M（台），它是市场对这种商品的最大容纳能力，表示销售速度的上限；衰退因子 λ，表明在不考虑广告作用时，销售速度具有自然衰减的性质，即产品销售速度随着时间的改变而减少，$\lambda > 0$ 是常数；$A(t)$（元/台）为第 t 月的广告水平；q（元）表示每台空调的税后利润；σ（元）为最大允许广告费用；R 为税后最大利润；S 为最大销售速度.

根据问题的实际背景，现在要解决：(1)当广告进行一年，平均每年的广告投放 1.2 万元时的销售速度，并求出销售速度最大的月份；(2)市场保持稳定销售,即每月销售量是常数时的广告费.

本例是典型的"独家销售的广告"问题. 根据商品的市场营销规律,进行如下假设:

(1)空调的销售会因广告而增加,但增加是有限的,当市场上趋于饱和时,销售的速度将会下降,这时无论采用何种形式的广告都不能阻止销售速度的下降.

(2)空调的销售速度随汽车销售率增加而减少.

第二步,选择建模方法

基于本案例是销售速度与广告费用之间的关系,选择微分知识建立模型,并用 Matlab 解决问题.

第三步,推导模型的公式

当公司拥有一定的客户后,没有广告或当 $S=M$ 时,$S(t)$ 的下降速度与 $S(t)$ 成正比,有

$$\frac{\mathrm{d}S(t)}{\mathrm{d}t} = -\lambda S(t), \qquad t \geqslant 0 \tag{2-12}$$

有广告宣传时,根据假设有

$$\frac{\mathrm{d}S}{\mathrm{d}t} = p[S(t)]A(t) \tag{2-13}$$

为方便起见,不妨设 $p[S(t)] = a + bS(t)$.

由假设知,$\begin{cases} a+bM=0 \\ a+b\times 0 = p \end{cases}$,解得 $a=p, b=-\dfrac{p}{M}$.

所以,$p[S(t)] = p - \dfrac{p}{M}S(t)$.

由此有"独家销售的广告"微分方程数学模型

$$\frac{\mathrm{d}S}{\mathrm{d}t} = pA(t)\left[1 - \frac{S(t)}{M}\right] - \lambda S(t) \tag{2-14}$$

式中,p 为响应系数,即 $A(t)$ 为对 $S(t)$ 的影响力,p 为常数. 没有广告宣传或市场达到饱和 $S=M$ 时,$p=0$,(2-14)式简化为(2-12)式.

第四步,求解模型

根据问题背景,选择如下广告策略:

$$A(t) = \begin{cases} A, & 0 < t < \tau \\ 0, & t \geqslant \tau \end{cases} \tag{2-15}$$

若在 $(0, \tau)$ 时间内,用于广告花费为 a,则 $A = \dfrac{a}{\tau}$. 将其代入(2-13)式有

$$\frac{\mathrm{d}S}{\mathrm{d}t}+\left(\lambda+\frac{p}{M}\frac{a}{\tau}\right)S=p\frac{a}{\tau} \tag{2-16}$$

令

$$\lambda+\frac{p}{M}\frac{a}{\tau}=k,\frac{pa}{\tau}=h$$

这时,(2-16)式可改写为

$$\frac{\mathrm{d}S}{\mathrm{d}t}+kS=h$$

其通解为

$$S(t)=Ce^{-kt}+\frac{h}{k}$$

若令 $S(0)=S_0$,则

$$S(t)=\frac{h}{k}(1-e^{-kt})+S_0 e^{-kt}$$

当 $t\geqslant\tau$ 时,根据(2-15)式,则(2-14)式可简化为(2-12)式. 其解为

$$S(t)=S(\tau)e^{\lambda(\tau-t)}+\frac{h}{k}$$

故

$$S(t)=\begin{cases}\dfrac{h}{k}(1-e^{-kt})+S_0 e^{-kt}, & 0<t<\tau \\ S(\tau)e^{\lambda(\tau-t)}, & t\geqslant\tau\end{cases}$$

图 2-4 给出了 $S(t)$ 的图形.

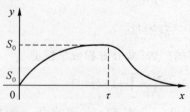

图 2-4　$S(t)$ 图形

第五步,回答问题

(1)当广告进行一年,平均每年的广告投放 1.2 万元时的销售速度,销售速度最大的月份是多少?

由命题条件广告策略只进行一年,平均月投入广告费 1000 元,所以

$$A=\begin{cases}1000, & 0\leqslant t\leqslant 12 \\ 0, & t>12\end{cases}$$

得

$$\frac{\mathrm{d}S}{\mathrm{d}t}=\begin{cases}1500-0.35S(t), & 0\leqslant t\leqslant12\\-0.25S(t), & t>12\end{cases}$$

初始条件 $S(t)=S_0$，解得

$$S(t)=\begin{cases}\dfrac{3\times10^4}{7}+\left(S_0-\dfrac{3\times10^4}{7}\right)\mathrm{e}^{-0.35t}, & 0\leqslant t\leqslant12\\[3mm]\mathrm{e}^{2.4}\left[\dfrac{3\times10^4}{7}+\left(S_0-\dfrac{3\times10^4}{7}\right)\mathrm{e}^{-4.2}\right]\mathrm{e}^{0.2t}, & t>12\end{cases}$$

对函数 $S(t)$ 的性质讨论，容易得到当 $S_0>\dfrac{3\times10^4}{7}$ 时，$S(t)$ 在 $(0,+\infty)$ 上为单调递减函数. 当 $S_0\leqslant\dfrac{3\times10^4}{7}$ 时，$S(t)$ 在 $(0,12)$ 上为单调递增函数，在 $(12,+\infty)$ 上为单调递减函数.

所以，若 $S_0>\dfrac{3\times10^4}{7}$，则 $\max S(t)=S(0)=S_0$，即销售量最大的为销售的第一个月.

若 $S_0\leqslant\dfrac{3\times10^4}{7}$，则 $\max S(t)=S(12)$，即销售量最大的为广告策略进行到第一年的年底（销售的第十二个月）.

(2) 求市场保持稳定销售，即每月销售量是常数时的广告费.

销售量为常数，即 $S(t)\equiv S_0$，也即 $\dfrac{\mathrm{d}S}{\mathrm{d}t}=0$

所以，$-\lambda S_0+p\left(1-\dfrac{S}{M}\right)A(t)=0$

从而有 $A(t)=\dfrac{\lambda S_0}{p\left(1-\dfrac{S}{M}\right)}$，将 $M=10000,\lambda=0.2,p=1.5$ 代入有

$$A(t)=\frac{0.2S_0}{1.5\left(1-\dfrac{S_0}{10000}\right)}$$

总利润最大时的最佳广告费用为

$$\max R[A(t)]=\int_0^t\{q[S(t)]-A(t)\}\mathrm{d}t$$

$$\text{s.t.}\begin{cases}\dfrac{\mathrm{d}S(t)}{\mathrm{d}t}=-\lambda S_0+p\left(1-\dfrac{S}{M}\right)A(t)\\[3mm]0\leqslant A(t)\leqslant\delta\end{cases}\tag{2-17}$$

41

把 $M=10000, \lambda=0.2, p=1.5, q=2, S_0=3000, \delta=5000$ 代入,解得

$$S(t)=\int_0^t A(t)\mathrm{d}t\{p\int_0^t A(t)\mathrm{e}^{\lambda t}\,\mathrm{e}^{\frac{k}{M}}\big[\int_0^t A(t)\mathrm{d}(v)\mathrm{d}v\big]\mathrm{d}t+S_0\} \qquad (2\text{-}18)$$

因为,$A(t)$ 没有给出,下面给出 $A(t)$ 的不同假设:

(1) 设 $A(t)=a, 0 \leqslant t \leqslant T$,由(2-17)、(2-18)式能够求得

$$R(a)=q\int_0^t S(t)\mathrm{d}t-aT$$

求 $\dfrac{\mathrm{d}R(a)}{\mathrm{d}a}$,令 $\dfrac{\mathrm{d}R(a)}{\mathrm{d}a}=0$,解得 $A(t)=3830$ 元,$S(t)=7418$ 台/月.

(2) 设 $A(t)=\begin{cases} a_1, & 0 \leqslant t \leqslant T \\ 0, & t>T \end{cases}$,同上解 $A(t)=3830$ 元,$S(t)=7418$ 台/月.

(3) 设 $A(t)=\begin{cases} a_1, & 0 \leqslant t \leqslant T \\ a_2, & t>T \end{cases}$,仍得到 $A(t)=3830$ 元,$S(t)=7418$ 台/月.

利用前面建立的数学模型,还可以解决确定使总利润最大的最佳广告营销策略问题.鉴于本模型的篇幅,不再加以讨论.希望读者能根据所学知识进一步讨论使总利润最大的最佳广告营销策略.

2.6 消费与积累问题

消费表示把生产出来的东西"吃掉"、"用掉",通俗可称为"吃饭".积累的目的是为了投资,进行再生产,即把生产出来的产品用于生产建设,不妨称为"建设".消费与积累的关系,也就是"吃饭"与"建设"之间的关系,既涉及建设的速度,也关系人民的生活.当社会总产出一定时,若主要用于积累,会使人民生活上不去;若主要用于消费,不再追加投资和生产,国民经济和国家建设没有动力,是不理智的.如何应用数学来研究消费与积累的关系呢?

从 2008 年全年来看,在拉动经济增长的"三驾马车"中,全年全社会固定资产投资比上年增长 25.5%,增速加快 0.7 个百分点;全年社会消费品零售总额比上年增长 21.6%,增速加快 4.8 个百分点;进出口全年保持平稳较快增长.

试建立国民收入积累与消费模型,说明如何促进投资、消费协调增长.

第一步,提出问题

消费与积累的关系是经济学范畴内的确定性问题,涉及的基本量有:国民收入 T、积累基金 G 和消费基金 P,T、G、P 均应取正值.建立收入积累与

消费模型,首先要正确分析收入 T 与消费基金 P 的关系、国民收入 T 与积累基金 G 的关系,进而解决积累与消费如何安排才能使国民经济出现良性循环,持续快速增长.

第二步,选择建模方法

根据经济学原理,我们知道生产发展与 $P-P_0$ 成正比,与 G 成正比.因而,国民收入积累与消费问题是关于国民收入的增长率与积累基金 G 和消费基金 P 的关系问题,属于微分模型问题.

第三步,推导模型的公式

根据经济学原理,我们容易得到

$$T=G+P \tag{2-19}$$

为了研究 T、G、P 之间的关系,尤其是相互制约的增长关系,需要作简单的分析.

(1)国民收入 T 与消费基金 P:由政治经济学可知,生产者有一个维持再生产的最低消费量 $P_0>0$,称最低消费基金,通俗地说就是要吃饱穿暖,简言之"人要吃饭".生产发展与劳动者的积极性有关,当 $P<P_0$ 时,一个饥寒交迫的劳动者是不会有积极性的;当 $P=P_0$ 时,劳动者仍旧过着紧巴巴的日子,积极性也不会太高;当 $P>P_0$ 时,劳动者才会有较高的积极性.因此,可以认为生产发展与劳动者积极性成正比.

(2)国民收入 T 与积累基金 G:生产发展还与机器、厂房等的效能、数量等固定资产及流动资金有关,需要有适当的投资才能发展生产,也就是说需要积累基金才能发展生产,并且积累基金或投资越多,越有利于发展生产.

根据上述分析,我们了解到生产发展除与 $P-P_0$ 成正比,也与 G 成正比.因而,国民收入的增长率 $\mathrm{d}T/\mathrm{d}t$ 与 G、P 的某种适当的组合成正比,即有

$$\frac{\mathrm{d}T}{\mathrm{d}t}=\lambda_1 G(P-P_0) \tag{2-20}$$

式中 λ_1 称为国民收入增长系数.

(3)积累基金 G:一方面,积累基金本身会随着时间增长而消耗,例如流动资金贬值、机器的磨损与报废、厂房折旧等.而另一方面,追加投资能使积累基金增加,追加投资从那里来呢? 当然从回收货币来看,回收既包括消费基金转变成的利润,也包括储蓄.

$$\frac{\mathrm{d}G}{\mathrm{d}t}=-\lambda_2 G+\lambda_3 P \tag{2-21}$$

式中,$\lambda_2>0$ 称为积累基金的时间折旧率,$\lambda_3>0$ 称为消费基金对积累基金的

贡献系数.从(2-21)式可以看出,过低的消费比例导致 $\lambda_3 P$ 很小,减缓积累基金的增长,将使得企业没有后劲.

我们所关心的是 G 与 P 的关系,即积累与消费如何安排才能使国民经济出现良性循环,持续快速增长.因而需要建立 G 与 P 的关系式,将(2-19)式代入(2-20)式,再减去(2-21)式,有

$$\frac{\mathrm{d}P}{\mathrm{d}t}=\lambda_1 G(P-P_0)+\lambda_2 G-\lambda_3 P \qquad (2\text{-}22)$$

联立(2-21)、(2-22)式,得到数学模型为

$$\begin{cases} \dfrac{\mathrm{d}P}{\mathrm{d}t}=\lambda_1 G(P-P_0)+\lambda_2 G-\lambda_3 P \\[2mm] \dfrac{\mathrm{d}G}{\mathrm{d}t}=\lambda_3 P-\lambda_2 G \end{cases} \qquad (2\text{-}23)$$

其中 λ_1 为国民收入增长系数, λ_2 为积累基金的时间折旧率, λ_3 为消费基金对积累基金的贡献系数.

第四步,求解模型

消费与积累的数学模型(2-23)式中,记第一式的右端为 $f(P,G)$,第二式右端为 $g(P,G)$.运用稳定性分析中的常用概念,在相平面 POG 上分析方程组(2-23).

先求平衡点,令

$$\begin{cases} f(P,G)=\lambda_1 G(P-P_0)+\lambda_2 G-\lambda_3 P=0 \\ g(P,G)=\lambda_3 P-\lambda_2 G=0 \end{cases} \qquad (2\text{-}24)$$

解得 $\begin{cases} P=0 \\ G=0 \end{cases}$ $\begin{cases} P=P_0 \\ G=\dfrac{\lambda_3}{\lambda_2}P_0 \end{cases}$

即 $O(0,0)$ 、 $S\left(P_0,\dfrac{\lambda_3}{\lambda_2}P_0\right)$ 为方程组(2-24)的平衡点.

记 $\quad G_0=\dfrac{\lambda_3}{\lambda_2}P_0$

$$T_0=P_0+G_0$$

则方程组(2-24)有 $O(0,0)$ 、 $S(P_0,G_0)$ 两个平衡点.

关于平衡点的性态,本文不再进行讨论.但我们可以根据平衡点对消费与积累的数学模型作一些定性分析.

第五步,回答问题

(1)当 $P<P_0$ 时,即劳动者处于饥寒交迫的状态,由

$$\frac{\mathrm{d}T}{\mathrm{d}t}=\lambda_1 G(P-P_0)$$

可知$\frac{\mathrm{d}T}{\mathrm{d}t}<0$,即国民收入呈下降趋势,将导致总的社会生产进入恶性循环.也就是说要发展生产首先要解决吃饭问题.

(2)当 $G=0$ 时,即吃光用光,不进行积累,由

$$\frac{\mathrm{d}P}{\mathrm{d}t}=\lambda_1 G(P-P_0)+\lambda_2 G-\lambda_3 P$$

可知$\frac{\mathrm{d}P}{\mathrm{d}t}=-\lambda_3 P<0$,即消费基金每况愈下、逐年减少. 此时,生产发展也将陷入恶性循环. 可见要发展生产必须进行必要的积累.

(3)集体和个人都日益贫困,国民经济走向崩溃. 相反,P、G 滚动发展,国民经济走向繁荣.

2.7　刑事侦察中死亡时间的鉴定

艾萨克·牛顿(Isaac Newton)是英国伟大的数学家、物理学家、天文学家和自然哲学家,其研究领域包括了物理学、数学、天文学、神学、自然哲学和炼金术. 在牛顿的全部科学贡献中,数学成就占有突出的地位. 微积分的创立是牛顿最卓越的数学成就. 1701 年,牛顿提出了冷却定律(Newton's law of cooling):温度高于周围环境的物体向周围媒质传递热量逐渐冷却时所遵循的规律。当物体表面与周围存在温度差时,单位时间从单位面积散失的热量与温度差成正比,比例系数称为热传递系数.冷却定律在自然科学领域得到了极大应用.

在某居民小区一住户内谋杀案发生后,尸体的温度从原来的 37℃ 开始下降,如果两个小时后尸体温度变为 35℃,并且假定周围空气的温度保持20℃不变,试求出尸体温度 H 随时间 t 的变化规律. 又如果尸体发现时的温度是 30℃,时间是下午 4 点整,那么谋杀是何时发生的?

第一步,提出问题

对于尸体温度下降除尸体因血液循环停止而自然下降因素以外,还受空气的流动、空气的温度变化等外界因素变化的影响. 本案例假设周围空气的温度保持20℃不变,亦即尸体的外部介质性质及温度相同为问题的解决提供了便利条件. 能否建立尸体温度下降与室内温差,成为解决本案例的关键.

第二步,选择建模方法

由于本案例假设周围空气的温度保持 20℃不变,与牛顿冷却定律在自然对流时只在温度差不太大时成立的条件一致,可以应用牛顿冷却定律解决由尸体温度下降推断案杀发生时间问题,属于微分方程模型.

第三步,推导模型的公式

设尸体的温度为 $H(t)$ (t 从谋杀后计),根据题意,尸体的冷却速度 $\dfrac{dH}{dt}$ 与尸体温度 H 和空气温度 20℃之差成正比.即

$$\begin{cases} \dfrac{dH}{dt} = -k(H-20), k>0 \\ H(0)=37 \end{cases} \tag{2-25}$$

(2-25)式为尸体温度在室内温度不变条件下的下降模型.

第四步,求解模型

这是典型的可分离变量微分方程.

分离变量得

$$\frac{dH}{H-20} = -k\,dt$$

积分得

$$H-20 = Ce^{-kt}$$

把 $H(0)=37$ 代入,有 $37-20=Ce^0$,求得 $C=17$. 于是该初值问题的解为

$$H = 20 + 17e^{-kt}$$

根据两小时后尸体温度为 35℃这一条件,有

$$35 = 20 + 17e^{-2k}$$

求得 $k \approx 0.063$,于是有温度下降函数

$$H = 20 + 17e^{-0.063t} \tag{2-26}$$

将 $H=30$ 代入(2-26)式有 $\dfrac{10}{17} = e^{-0.063t}$,即得 $t \approx 8.4$ 小时.

第五步,回答问题

根据前面的计算结果,可以判定谋杀发生在下午 4 点尸体被发现前的 8.4 小时,即 8 小时 24 分钟,所以谋杀是在上午 7 点 36 分发生的.

2.8 石油管道铺设模型

随着社会的发展,管道输送石油的优势越来越明显,管道设计的任务也

越来越繁重,制定出最优的石油管道输送线,具有十分重要的经济和战略意义.2010 年全国大学生数学建模竞赛的 C 题,就是有关问题的应用.

第一步,提出问题

如图 2-5 所示,某油田计划在铁路线一侧建造两家炼油厂,同时在铁路线上增建一个车站,用来运送成品油.根据两家炼油厂到铁路线的距离、炼油厂的地理环境等建立管线建设费用最省的一般数学模型与方法.

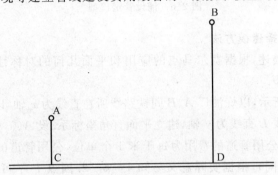

图 2-5　石油管道铺设模型

假设:

(1)假设两炼油厂 A、B 为两个质点,铁路 T 在炼油厂 A、B 附近为直线;

(2)假设在炼油厂 A、B 所在一侧的铁路沿线均适合建车站;

(3)假设管道铺设中工程施工费包括工程材料费,铺设管道的工艺是相同的;

(4)假设两个炼油厂输出的油质是一样;

(5)假设公用管道与非公用管道费用不同.

如图 2-5 所示,假设 C 点为在铁路线上设计增建的车站,由费尔马问题的结论,在 $\triangle ABC$ 中,存在费尔马点 P,使点 P 与 $\triangle ABC$ 三个顶点距离之和小于三角形二边之和,即有

$$PA+PB+PC < AC+BC$$

且 $\angle ACB < 120°$ 时,费尔马点 P 在 $\triangle ABC$ 内部,当 $\angle ACB > 120°$ 时,费尔马点 P 与 C 点重合,为此有如下结论:

①当 $\angle ACB < 120°$ 时,铺设共用管道 PC 的输送费用比不铺设共用管道费用低;

②当 $\angle ACB \geqslant 120°$ 时,不需要铺设共用管道,即共用管道 $PC=0$.

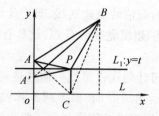

图 2-6　铺设管道模型

第二步,选择建模方法

根据问题描述,根据费尔马点的应用和平面几何的对称性建立管道铺设费用最省模型.

如图 2-6 所示,以炼油厂 A、B 间铁路线所在直线为 x 轴,以过炼油厂 A 且垂直于铁路线 L 直线为 y 轴,建立平面直角坐标系.设 $A(0,m)$,$B(b,n)$,$P(r,t)$,并设非公用管道的费用为每千米 1 个单位,公用管道的费用为每千米 k 个单位(下同),根据实际意义易知 $1 \leqslant k \leqslant 2$.因点 P 不可能在 A 的上方,故 $0 \leqslant t \leqslant m$.

易得,A 点关于过点 P 平行于 x 轴的直线 L_1 的对称点 $A'(0,2t-m)$.

于是有 $F = 1 \times PB + 1 \times PA + k \times PC > 1 \times BA' + k \times PC$

为此,得到铺设管道费用最优模型

$$F_{\min} = (1 \times BA' + k \times PC)_{\min}$$

第三步,推导模型的公式

由假设(5),只讨论管道费用相同的情形,并根据点 A、B 的坐标不同的取值,进行 A、B 不同位置时管道铺设设计.

共用管道与非共用管道费用,即 $1 < k$ 时模型的求解如下:

已知 A 点关于 l_1 对称点 $A'(0,2t-m)$

$$F(t) = \sqrt{b^2 + (2t-m-n)^2} + tk$$

求一阶导数,令 $F'(t) = 0$,解得

$$t = \frac{m+n}{2} - \frac{kb}{2\sqrt{4-k^2}} \quad 或 \quad t = \frac{m+n}{2} + \frac{kb}{2\sqrt{4-k^2}} > m(舍去)$$

又 $0 \leqslant \dfrac{m+n}{2} - \dfrac{kb}{2\sqrt{4-k^2}} \leqslant m$ 可得:

$$\frac{(n-m)\sqrt{4-k^2}}{k} \leqslant b \leqslant \frac{(n+m)\sqrt{4-k^2}}{k} \tag{2-27}$$

（1）当 $0 \leqslant b \leqslant \dfrac{(n-m)\sqrt{4-k^2}}{k}$ 时，易判断 $F'(t)<0$，即 $F(t)$ 为单调递减.

此时，易得点 P 坐标为 $(0,m)$，即点 P 与点 A 重合时，最优管道铺设方案为折线 $BA \rightarrow AC$. 亦即车站建在 $(0,0)$，费用 $F(t)$ 最小，且

$$F(m)_{\min} = mk + \sqrt{b^2+(m-n)^2} \tag{2-28}$$

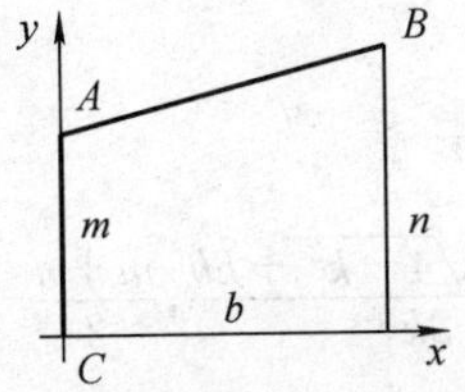

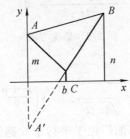

图 2-7 石油管道铺设情形 1

特别的，当 $b=0$ 时，两个炼油厂同位于垂于铁路线的直线上，车站建在点 $(0,0)$ 点，输送管道铺设费的最优解为

$$F_{\min} = 1 \times (n-m) + k \times m = m(k-1) + n \tag{2-29}$$

（2）当 $\dfrac{(n-m)\sqrt{4-k^2}}{k} \leqslant b \leqslant \dfrac{(n+m)\sqrt{4-k^2}}{k}$ 时，易判断 $F(t)$ 在

$\left[0, \dfrac{m+n}{2} - \dfrac{kb}{2\sqrt{4-k^2}}\right]$ 上单调递减，在 $\left[\dfrac{m+n}{2} - \dfrac{kb}{2\sqrt{4-k^2}}, m\right]$ 上单调递增.

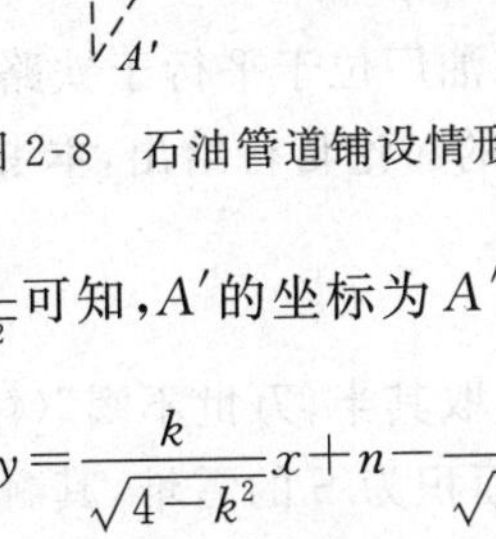

图 2-8 石油管道铺设情形 2

由 $t = \dfrac{m+n}{2} - \dfrac{kb}{2\sqrt{4-k^2}}$ 可知，A' 的坐标为 $A'\left(0, n-\dfrac{kb}{4-k^2}\right)$.

则直线 AB' 的方程为 $y = \dfrac{k}{\sqrt{4-k^2}}x + n - \dfrac{kb}{\sqrt{4-k^2}}$；

直线 $y=t$ 的方程为 $y = \dfrac{m+n}{2} - \dfrac{kb}{2\sqrt{4-k^2}}$.

联立方程组得：
$$\begin{cases} y = \dfrac{k}{\sqrt{4-k^2}}x + n - \dfrac{kb}{\sqrt{4-k^2}} \\ y = \dfrac{m+n}{2} - \dfrac{kb}{2\sqrt{4-k^2}} \end{cases}$$

即，
$$\begin{cases} x = \dfrac{(m-n)\sqrt{4-k^2}+kb}{2k} \\ y = \dfrac{m+n}{2} - \dfrac{kb}{2\sqrt{4-k^2}} \end{cases} \qquad (2\text{-}30)$$

P 的坐标点为 $\left[\dfrac{(m-n)\sqrt{4-k^2}+kb}{2k}, \dfrac{m+n}{2} - \dfrac{kb}{2\sqrt{4-k^2}}\right]$，最优管道铺设方案如图 2-9 所示.

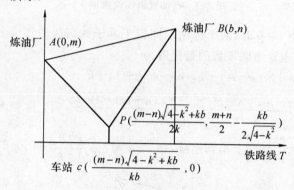

图 2-9 最优方案

且
$$F(t)_{\min} = \sqrt{b^2 + \left(m+n-\dfrac{kb}{\sqrt{4-k^2}}\right)^2} + k\left(\dfrac{m+n}{2} - \dfrac{kb}{\sqrt{4-k^2}}\right) \qquad (2\text{-}31)$$

对于 $m=n$ 时，即两个炼油厂位于平行于铁路线的直线上时，管道最优铺设方案读者可以根据前面的讨论自行给出，本书不再逐一讨论.

思考与练习 2

1. 为什么"一尺之捶，日取其半，万世不竭"（《庄子 天下篇》）？

2. 一个体积为 V，外表面积为 S 的雪堆，其融化的速率为 $v=-kS$（其中 $k>0$ 为常数），设融雪期间雪堆的外形保持其抛物面形状，即在任何时刻其外形曲面方程总为 $Z = \dfrac{x^2}{4} + \dfrac{y^2}{9}$. 试建立模型：

(1)证明雪堆融化期间,其高度的变化率为常数.

(2)已知经过 24 小时融化了其初始体积 V 的一半,试问余下一半体积的雪堆需再经多长时间才能全部融化完?

3.(涟漪波动) 苏东坡向水中投射石子启发秦少游灵现了名诗"双手推开窗前月,一石击破水中天". 现向湖里扔石头,激起圆形的涟漪.已知外圈波纹的半径以每秒 2 米的比率变大时,5 秒以后形成的波纹的面积的变化率是多少?

4. 建模描述一个地区内人口的自然增殖过程.即考虑由于人口的生育和死亡所引起的人群数量变化的过程.

5. (鱼为什么要锯齿状地游动)假如你仔细观察一下鱼在水中的游动方式,你就会发现,鱼在游动时并不是作直线运动的,也不是水平游动的,而是在不断呈锯齿状向上游动和向下滑行,如图 2-10 所示.鱼为什么这样游动呢?这样游动似乎很愚蠢,为了到达某处,它游过的距离不是增长了吗?请建立数学模型来分析这一问题,看看鱼儿这样做是否真的愚蠢.

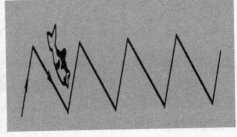

图 2-10　鱼儿在水中游动的锯齿状路线

6. 一家有 80000 订户地方日报计划提高其订阅价格. 现在的价格是每周 3.5 元. 据估计,如果每周提高定价 0.5 元,就会损失 3000 订户.

(1) 求使利润最大的订阅价格.

(2) 对(1)中所得结论讨论损失 3000 订户这一参数的灵敏性. 分别假设这个参数值为 1000,2000,3000,4000,5000. 计算最优订阅价格.

(3) 设 $n = 3000$ 为提高价格 0.5 元而损失的订户数. 求最优订阅价格 p 作为 n 的函数关系. 并用这个公式来求灵敏性 E_{pn}.

(4) 这家报纸是否应该改变其订阅价格?用通俗易懂的语言说明你的结论.

7. 一只装满水的圆桶,底半径为 10 米,高为 20 米,底部有一直径为 2 厘米的小孔,拔掉孔塞,问一桶水流完需要多少时间?

8. 设商品价格为 p、成本 q,单位时间销售为 $x=a-bp$。由于损耗成本 q 随时间增长,设 $q=q_0e^{\beta}(\beta>0)$。现将销售期 T 平分为两段,每段中价格固定,记为 p_1 和 p_2。试求使销售期内利润最大的最优价格 p_1 和 p_2,如果要求 T 内销售量为 Q,此时最优价格又应为多少?

9. (蜂房的学问)精明的蜜蜂建造的巢房结构是六边形的,要是仔细观察,你会发现并不那么简单。如果仅从二维平面结构去看,蜂房由一些全等的正六边形组成,如图 2-11 所示。如果我们再考察一下每一个六边形蜂房的三维结构,你会发现更奇妙的现象。蜂房可不是简单的正六棱柱体(见图 2-12 左),而是尖顶的六棱柱(见图 2-12 右)。

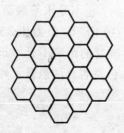
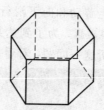
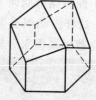

图 2-11　蜂房二维平面结构　　　　图 2-12　单个蜂房的立体结构

历史上曾经有很多学者研究过单个蜜蜂巢房的结构。18 世纪时,法国学者马拉尔琪曾测量过蜂房的尺寸,发现其顶端是由三个恒等的菱形组成的,它们的内角分别是 109°28′ 和 70°32′。法国物理学家列奥缪拉对这个问题很感兴趣,他请教了巴黎科学院院士、瑞士数学家克尼格。克尼格经过严密的计算得到了一个令人非常震惊的结果:假设蜂房的容积一定,要使材料最省,这两个角度应分别是 109°26′ 和 70°34′。这与蜂房的角度仅仅相差了两分。后来,苏格兰数学家麦克劳林对克尼格的结论又重新计算了一次,发现正确的是蜜蜂,而不是大数学家克尼格院士,因为他所用的对数表印错了。看来,小小蜜蜂建造的蜂房可真不简单,它所建造的蜂房能使体积最大而用料最省,一个小巧玲珑的蜜蜂能够依靠自己的本能建造出如此精巧的蜂房,真可谓是自然界的造化。下面,试建立数学模型来研究这个自然界的奇迹。

10. (如何选择广告商的优惠计划)为配合客户不同的需要,广告商设有以下优惠计划,以供客户选择,如表 2-4 所示。

表 2-4　广告套餐表

	计划 A：即时直接对话＋自动数字传呼	计划 B：即时直接对话＋自动数字传呼
每月基本服务费	＄98	＄168
免费通话时间	首 60 分钟	首 500 分钟
以后每分钟收费	＄0.38	＄0.38
留言信息服务（选择性项目）	＄30	＄30

问题：若在这两个计划中选择一个，应该选哪一个？

11.（地掷球抛击、滚靠的数学模型）地掷球运动是一项时尚体育，正由欧洲渐在我国悄然兴起．人们常被竞赛场上运动员准确的抛击、滚靠，优美娴熟的动作所叹服．大金属球作为正式比赛项目分为几个小项，一个是滚靠，然后是抛击，抛击又分准确抛击，连续抛击，接力抛击．成年人常用的大金属球的半径在 99～110 毫米之间．以金属地掷球为对象进行研究，建立数学模型，求解回答：如何抛击才能提高命中率？如何滚靠才能获得好球？

12.某学院的教育基金，最初投资为 P 元，以后按利率 r 的连续复利增长。另外，每年在基金开算的周年日都要加上新的资本，速率为 A 元/年，求 t 年后的累积金额．

13.法国著名的 Lascaux 洞穴中保留着古代人的壁画。洞穴中取出的木炭在 1950 年作过检测，测得 C^{14} 衰减数为每克每分钟为 0.97 个，试推算一下这个壁画应当是多少年前绘制的（精确到百年），已知 C^{14} 的半衰期为 5568 年，新砍伐烧成的炭中 C^{14} 的衰减数为每克每分钟为 6.68 个。

第 3 模块　线性规划模型

　　线性规划通常用于研究资源的最优利用问题. 例如,在任务确定的条件下,如何用最少的资源(如资金、原材料、人工、时间、设备等)去完成确定的任务;在资源一定的条件下,如何组织生产,使得成本最小,或者利润最大,等等. 线性规划可以分为连续规划、整数规划和 0—1 规划.

3.1　生产计划问题

　　一个奶制品加工厂用牛奶生产 A_1、A_2 两种奶制品,1 桶牛奶可以在甲车间用 12 小时加工成 3 千克 A_1,或者在乙车间用 8 小时加工成 4 千克 A_2. 根据市场需求,生产出的 A_1、A_2 能够全部售出,且每千克 A_1 获利 24 元,每千克 A_2 获利 16 元. 现在加工厂每天能得到 50 桶牛奶的供应,每天正式工人总的劳动时间为 480 小时,并且甲车间的设备每天至多能加工 100 千克 A_1,乙车间的设备的加工能力可以认为没有上限限制(即加工能力足够大),试为该厂制订一个生产计划,使得每天的获利最大.

　　第一步,提出问题

　　设每天用 x_1 桶牛奶生产 A_1,用 x_2 桶牛奶生产 A_2,每天获利 f 元.

　　首先分析目标函数. x_1 桶牛奶可以生产 $3x_1$ 千克的 A_1,获利 $24 \times 3x_1$ 元;x_2 桶牛奶可以生产 $4x_2$ 千克的 A_2,获利 $16 \times 4x_2$ 元;所以

$$f = 72x_1 + 64x_2 \tag{3-1}$$

　　其次分析约束条件. 原料供应约束为

$$x_1 + x_2 \leqslant 50 \tag{3-2}$$

　　劳动时间约束为

$$12x_1 + 8x_2 \leqslant 480 \tag{3-3}$$

　　设备加工能力约束为

$$3x_1 \leqslant 100 \tag{3-4}$$

变量约束为

$$x_1 \geqslant 0, x_2 \geqslant 0 \tag{3-5}$$

于是问题转化为,如何在约束(3-2)~(3-5)下求 f 的最大值.

第二步,选择建模方法

由于牛奶是任意可分的,我们可以假定决策变量在实数范围内取值,所以这是一个连续规划.又因为目标函数和约束条件对于决策变量而言都是线性的,所以这是一个线性规划问题.因此我们选择连续线性规划方法来建立模型.连续线性规划模型的一般形式为

$$\max(\text{或 } \min)f = c_1 x_1 + c_2 x_2 + \cdots + c_n x_n$$

$$\text{s. t.} \begin{cases} a_{11}x_1 + a_{12}x_2 + \cdots + a_{1n}x_n \leqslant (\text{或} \geqslant, \text{或} =)b_1 \\ a_{21}x_1 + a_{22}x_2 + \cdots + a_{2n}x_n \leqslant (\text{或} \geqslant, \text{或} =)b_2 \\ \cdots \\ a_{m1}x_1 + a_{m2}x_2 + \cdots + a_{mn}x_n \leqslant (\text{或} \geqslant, \text{或} =)b_m \\ x_1, x_2, \cdots, x_n \geqslant 0 \end{cases} \tag{3-6}$$

其中,$x_j(j=1,2,\cdots,n)$ 是决策变量,$f = c_1 x_1 + c_2 x_2 + \cdots + c_n x_n$ 叫做目标函数,$\max(\text{或 } \min)$ 表示对目标函数求最大值或最小值,s. t. 表示约束条件,由一些等式或不等式组成.把符合约束条件的解叫做可行解,使得目标函数取得最大值或最小值的可行解叫做最优解,相应的目标函数值叫做最优值.c_j 叫做价值系数,b_i 叫做资源系数,a_{ij} 叫做工艺系数.

第三步,建立模型

综上所述,建立连续线性规划模型为

$$\max f = 72x_1 + 64x_2$$

$$\text{s. t.} \begin{cases} x_1 + x_2 \leqslant 50 \\ 12x_1 + 8x_2 \leqslant 480 \\ 3x_1 \leqslant 100 \\ x_1 \geqslant 0, x_2 \geqslant 0 \end{cases} \tag{3-7}$$

第四步,求解模型

使用 Lingo 软件可以很容易地求解连续线性规划模型.求解(3-7)式的程序见附录 1(由于 Lingo 软件默认为变量连续且非负,所以此处可以省略变量约束条件).

执行"求解"命令,计算结果见附录 2.即 $x_1 = 20, x_2 = 30, f = 3360$.

第五步,回答问题

每天用 20 桶牛奶生产 A_1 ,用 30 桶牛奶生产 A_2 ,每天获利 3360 元.

附录 1

```
max = 72 * x1 + 64 * x2;
x1 + x2 < = 50;
12 * x1 + 8 * x2 < = 480;
3 * x1 < = 100;
```

附录 2

```
Objective value: 3360.000
```

Variable	Value	Reduced Cost
X1	20.00000	0.000000
X2	30.00000	0.000000
Row	Slack or Surplus	Dual Price
1	3360.000	1.000000
2	0.000000	48.00000
3	0.000000	2.000000
4	40.00000	0.000000

3.2 零件配套问题

某产品由 2 件甲零件和 3 件乙零件组装而成.两种零件必须在设备 A、B 上加工,每件甲零件在 A、B 上的加工时间分别为 5 分钟和 9 分钟,每件乙零件在 A、B 上的加工时间分别为 4 分钟和 10 分钟.现有 2 台设备 A 和 3 台设备 B,每天可供加工时间为 8 小时.为了保持两种设备均衡负荷生产,要求一种设备每天的加工总时间不超过另一种设备总时间 1 小时.怎样安排设备的加工时间使得每天加工的产品的产量最大?

第一步,提出问题

分别设每天加工甲、乙两种零件 x_1、x_2 件,每天加工的产品产量为 y 台,则

$$y = \min\left(\frac{1}{2}x_1, \frac{1}{3}x_2\right) \tag{3-8}$$

设备 A、B 每天加工工时的约束为

$$5x_1 + 4x_2 \leqslant 2 \times 8 \times 60$$

$$9x_1 + 10x_2 \leqslant 3 \times 8 \times 60 \tag{3-9}$$

要求一种设备每天的加工总时间不超过另一种设备总时间 1 小时的约束为

$$|(5x_1 + 4x_2) - (9x_1 + 10x_2)| \leqslant 60 \tag{3-10}$$

变量约束为

$$x_1 \geqslant 0, x_2 \geqslant 0, y \geqslant 0, 且为整数 \tag{3-11}$$

于是问题转化为,如何在约束(3-9)~(3-11)下求 y 的最大值.

第二步,选择建模方法

由于决策变量是整数,所以我们选择整数线性规划方法来建立模型.只要在连续线性规划模型(3-6)中将决策变量约束条件改为整数约束,其余都不变,就成为整数线性规划模型.

第三步,建立模型

首先,将(3-8)线性化,得

$$y \leqslant \frac{1}{2}x_1, y \leqslant \frac{1}{3}x_2 \tag{3-12}$$

将(3-10)线性化,得

$$(5x_1 + 4x_2) - (9x_1 + 10x_2) \geqslant -60$$

$$(5x_1 + 4x_2) - (9x_1 + 10x_2) \leqslant 60 \tag{3-13}$$

于是,建立整数线性规划模型为

$$\max f = y$$

$$\text{s. t.} \begin{cases} y \leqslant \dfrac{1}{2}x_1; y \leqslant \dfrac{1}{2}x_2 \\ (5x_1 + 4x_2) - (9x_1 + 10x_2) \geqslant -60 \\ (5x_1 + 4x_2) - (9x_1 + 10x_2) \leqslant 60 \\ x_1 \geqslant 0, x_2 \geqslant 0, y \geqslant 0, 且是整数 \end{cases} \tag{3-14}$$

第四步,求解模型

使用 Lingo 软件可以很容易地求解整数线性规划模型.求解(3-14)的程序见附录 3.

执行"求解"命令,得到计算结果见附录 4.即 $x_1 = 4, x_2 = 7, y = 2$.

第五步,回答问题

当每天加工甲、乙两种零件的件数分别为 4 件、7 件时,每天加工的产品产量为 2 台.这样安排生产,每天甲零件全部用完,乙零件剩余 1 件.

附录 3

```
max = y;
y< = 1/2 * x1;
y< = 1/3 * x2;
- 4 * x1 - 6 * x2> = - 60;
- 4 * x1 - 6 * x2< = 60;
@gin(x1);
@gin(x2);
@gin(y);
```

附录 4

Objective value: 2.000000

Variable	Value	Reduced Cost
Y	2.000000	- 1.000000
X1	4.000000	0.000000
X2	7.000000	0.000000
Row	Slack or Surplus	Dual Price
1	2.000000	1.000000
2	0.000000	0.000000
3	0.3333333	0.000000
4	2.000000	0.000000
5	118.0000	0.000000

3.3 背包问题

一个旅行者的背包最多只能装 20 千克物品. 现有 4 件物品的重量分别为 4 千克、6 千克、6 千克、8 千克，4 件物品的价值分别为 1000 元、1500 元、900 元、2100 元. 这位旅行者应携带哪些物品使得携带物品的总价值最大？

第一步，提出问题

由于每一件物品要么携带，要么不携带，只有两种选择，所以决策变量可以设为

$$x_i = \begin{cases} 1, & \text{第 } i \text{ 件被携带} \\ 0, & \text{否则} \end{cases}$$

于是目标函数为
$$f=1000x_1+1500x_2+900x_3+2100x_4 \tag{3-15}$$
约束条件为
$$4x_1+6x_2+6x_3+8x_4 \leqslant 20 \tag{3-16}$$
变量约束为
$$x_i=1 \text{ 或 } 0, \ i=1,2,3,4 \tag{3-17}$$
于是问题转化为,如何在约束(2-15)～(2-17)下求 f 的最大值.

第二步,选择建模方法

由于决策变量是 $0-1$ 变量,所以我们选择 $0-1$ 线性规划方法来建立模型.只要在连续线性规划模型(3-6)中将决策变量约束条件改为 $0-1$ 变量,其余都不变,就成为 $0-1$ 线性规划模型.

第三步,建立模型

综上所述,建立 $0-1$ 线性规划模型为
$$\max f=1000x_1+1500x_2+900x_3+2100x_4$$
$$\text{s.t.} \begin{cases} 4x_1+6x_2+6x_3+8x_4 \leqslant 20 \\ x_i=1 \text{ 或 } 0 \quad i=1,2,3,4 \end{cases} \tag{3-18}$$

第四步,求解模型

使用 Lingo 软件也可以很容易地求解 $0-1$ 线性规划模型.求解(3-18)的程序见附录5.

执行"求解"命令,得到计算结果见附录6.

即 $x_1=1,x_2=1,x_3=0,x_4=1$.

第五步,回答问题

当携带第1件、第2件和第4件物品时,总价值最大为4600元,此时物品总重量为18千克.

附录5

```
max = 1000 * x1 + 1500 * x2 + 900 * x3 + 2100 * x4;
4 * x1 + 6 * x2 + 6 * x3 + 8 * x4 < = 20;
@bin(x1);
@bin(x2);
@bin(x3);
@bin(x4);
```

附录 6

```
Objective value: 4600.000
     Variable          Value          Reduced Cost
         X1          1.000000          -1000.000
         X2          1.000000          -1500.000
         X3          0.000000          -900.0000
         X4          1.000000          -2100.000
       Row      Slack or Surplus       Dual Price
         1          4600.000           1.000000
         2          2.000000           0.000000
```

3.4 选择加工方式问题

企业计划生产 4000 件某种产品,该产品可以自己加工,也可以外协加工.已知每种生产的固定成本、生产该产品的单件成本以及每种生产形式的最大加工数量如表 3-1 所示,怎样安排产品的加工使总成本最小?

表 3-1 已知数据信息

	固定成本(元)	单件成本(元/件)	最大加工数(件)
本企业加工	500	8	1500
外协加工 I	800	5	2000
外协加工 II	600	7	不限

第一步,提出问题

设第 $j(j=1,2,3)$ 种方式生产的产品数量为 x_j 件.由于每一种生产方式可以被采用,也可以不被采用,只有两种状态.如果某种方式被采用,其固定成本才能产生费用,否则,就不会产生固定费用.所以可以使用 $0-1$ 变量来表示.
令

$$y_j = \begin{cases} 1, & \text{第 } j \text{ 种加工方式被采用,当 } x_j > 0 \text{ 时;} \\ 0, & \text{第 } j \text{ 种加工方式不被采用,当 } x_j = 0 \text{ 时.} \end{cases} \quad j=1,2,3$$

则第 j 种生产方式的费用为

$$C_j = a_j y_j + c_j x_j, \quad j=1,2,3$$

式中 a_j 是固定成本,c_j 是单位产品成本. 于是目标函数为

$$f=(500y_1+8x_1)+(800y_2+5x_2)+(600y_3+7x_3) \tag{3-19}$$

产品总数量约束为

$$x_1+x_2+x_3 \geqslant 4000 \tag{3-20}$$

各种生产方式的最大生产数量约束为

$$x_1 \leqslant 1500, \quad x_2 \leqslant 2000 \tag{3-21}$$

y_j 和 x_j 的关系线性化为

$$x_j \leqslant My_j, \quad j=1,2,3 \tag{3-22}$$

其中 M 是一个很大的常数,此处可取为 4000. 当 $x_j>0$ 时,$y_j=1$;当 $x_j=0$ 时,为使 f 最小化,则 $y_j=0$.

变量约束为

$$x_j \geqslant 0,且为整数,j=1,2,3 \tag{3-23}$$

于是问题转化为,如何在约束(3-20)~(3-23)下求 f 的最小值.

第二步,选择建模方法

由于决策变量既有 0—1 变量,又有整数变量,所以我们选择混合线性规划方法来建立模型.

第三步,建立模型

综上所述,建立混合线性规划模型为

$$\min f=(500y_1+8x_1)+(800y_2+5x_2)+(600y_3+7x_3)$$

$$\text{s.t.} \begin{cases} x_j \leqslant My_j, \quad j=1,2,3 \\ x_1+x_2+x_3 \geqslant 4000 \\ x_1 \leqslant 1500 \\ x_2 \leqslant 2000 \\ x_j \geqslant 0,且为整数;y_j=1 或 0 \end{cases} \tag{3-24}$$

第四步,求解模型

使用 Lingo 软件也可以很容易地求解混合线性规划模型. 求解(3-24)的程序见附录 7.

执行"求解"命令,得到计算结果见附录 8.

即 $x_1=0,x_2=2000,x_3=2000,\quad y_1=0,\quad y_2=1,\quad y_3=1.$

第五步,回答问题

采用外协加工 I 加工 2000 件,采用外协加工 II 加工 2000 件,不采用本企业加工方式,总成本为 25400 元.

附录 7

```
min = 500 * y1 + 8 * x1 + 800 * y2 + 5 * x2 + 600 * y3 + 7 * x3;
x1 < = 4000 * y1;
x2 < = 4000 * y2;
x3 < = 4000 * y3;
x1 + x2 + x3 > = 4000;
x1 < = 1500;
x2 < = 2000;
@gin(x1);@gin(x2);@gin(x3);@bin(y1);@bin(y2);@bin(y3);
```

附录 8

Objective value: 25400.00

Variable	Value	Reduced Cost
Y1	0.000000	500.0000
X1	0.000000	8.000000
Y2	1.000000	800.0000
X2	2000.000	5.000000
Y3	1.000000	600.0000
X3	2000.000	7.000000

Row	Slack or Surplus	Dual Price
1	25400.00	-1.000000
2	0.000000	0.000000
3	2000.000	0.000000
4	2000.000	0.000000
5	0.000000	0.000000
6	1500.000	0.000000
7	0.000000	0.000000

3.5 灵敏度分析

在线性规划模型(3-6)中,对于价值系数 c_j、资源系数 b_i 和工艺系数 a_{ij},当其中的某些参数发生微小的变化时,最优解和最优值的变化情况怎样?这就是线性规划的灵敏度分析.具体来说,灵敏度分析主要分析以下两个方面：

1.系数变化时,最优解有什么变化；

2.系数在什么范围内变化时,原最优解不变.

我们以例 3.1 为例来说明灵敏度分析的方法.

3.5.1 对价值系数 c_j 进行灵敏度分析

在模型(3-6)中,假设每千克 A_1 获利由 24 元提高到 25 元,那么目标函数为

$$f = 75x_1 + 64x_2$$

模型的其余部分都不变,使用 Lingo 软件求解,程序和结果见附录 9.

从求解结果来看,最优解没有变化,仍然是 $x^* = (20,30)^T$. 当然由于价格变大了,最优值必然会增加的(增加了 60 元).反复实验,可以发现,只要价格在 $[21,31]$ 内,最优解都是不变的.这说明最优生产方案对于奶制品 A_1 的价格变化不是很敏感.

类似地可以分析奶制品 A_2 对价格的敏感性.

3.5.2 对资源系数 b_i 进行灵敏度分析

在模型(3-6)中,假设每天能得到 51 桶牛奶的供应,那么,原料供应约束为

$$x_1 + x_2 \leqslant 51$$

其余部分都不变,使用 Lingo 软件求解,程序和结果见附录 10.

从求解结果来看,最优解发生了变化,是 $x^* = (18,33)^T$. 最优值增加了 48 元.这说明最优生产方案对于牛奶的供应量的变化是非常敏感的.我们把 48 元叫做 1 桶牛奶的影子价格,它记录在"Dual Price"一栏.影子价格的功能是,如果购买 1 桶牛奶的成本低于 48 元,就可以扩大购买量来扩大生产规模,因为这样可以增加利润；如果购买 1 桶牛奶的成本高于 48 元,就可以卖掉牛奶来压缩生产规模,因为这样也可以增加利润.

其实,有关资源系数的灵敏度分析可以直接根据原模型(3-6)的求解结果"Dual Price"一栏的数据进行,而不必重新建模.比如,对于劳动时间约束,每增加 1 小时,总收入增加 2 元.而对于车间甲的加工能力约束,就完全没有敏感性了,因为此时还剩余 46 小时没有用完.

3.5.3 对工艺系数 a_{ij} 进行灵敏度分析

在模型(3-6)中,假设 1 桶牛奶可以在甲车间用 13 小时加工成 3 千克 A_1(加工时间增加了 1 小时),劳动时间约束变为

$$13x_1 + 8x_2 \leqslant 480$$

其余部分都不变,使用 Lingo 软件求解,程序和结果见附录 11.

从求解结果来看,最优解发生了变化,是 $x^* = (16,34)^T$. 生产奶制品 A_1 的牛奶减少 4 桶,而生产奶制品 A_2 的牛奶增加 4 桶,这说明最优生产方案对于 A_1 的工艺系数是非常敏感的. 由于生产效率降低了,所以应该减少奶制品 A_1 的生产规模.

并不是对每个系数都要进行灵敏度分析. 比如,在本例中,工艺系数在一定时期内是相对固定的,除非企业要进行技术改造,因此对工艺系数就没有必要进行灵敏度分析.

附录 9

```
max = 75 * x1 + 64 * x2;

x1 + x2< = 50;

12 * x1 + 8 * x2< = 480;

3 * x1< = 100;


Objective value:   3420.000
   Variable          Value          Reduced Cost
         X1        20.00000            0.000000
         X2        30.00000            0.000000
        Row    Slack or Surplus        Dual Price
          1        3420.000            1.000000
          2        0.000000           42.00000
          3        0.000000            2.750000
          4        40.00000            0.000000
```

附录 10

```
max = 72 * x1 + 64 * x2;

x1 + x2< = 51;

12 * x1 + 8 * x2< = 480;
```

```
3 * x1< = 100;
```

Objective value: 3408.000

Variable	Value	Reduced Cost
X1	18.00000	0.000000
X2	33.00000	0.000000
Row	Slack or Surplus	Dual Price
1	3408.000	1.000000
2	0.000000	48.00000
3	0.000000	2.000000
4	46.00000	0.000000

附录 11

```
max = 72 * x1 + 64 * x2;
x1 + x2< = 50;
13 * x1 + 8 * x2< = 480;
3 * x1< = 100;
```

Objective value: 3328.000

Variable	Value	Reduced Cost
X1	16.00000	0.000000
X2	34.00000	0.000000
Row	Slack or Surplus	Dual Price
1	3328.000	1.000000
2	0.000000	51.20000
3	0.000000	1.600000
4	52.00000	0.000000

3.6 两辆铁路平板车的装货问题

有 7 种规格的包装箱要装到两辆平板车上去,包装箱的宽和高是一样的,但厚度 t(以厘米计)及重量 w(以千克计)是不同的. 表 3-2 给出了每种包装箱的厚度、重量以及数量,每辆平板车有 10.2 米长的地方可用来装包装箱

（像面包片那样，如图 3-1 所示），载重为 40 吨，由于地区货运的限制，对 C_5、C_6、C_7 类包装箱的总数有一个特别的限制：这三类箱子所占的总空间（厚度）不能超过 302.7 厘米．请设计一种装车方案，使剩余的空间最小（1988 年美国数学建模竞赛 B 题）．

表 3-2　已知数据信息

包装箱类型	C_1	C_2	C_3	C_4	C_5	C_6	C_7
厚度 t（厘米）	48.7	52	61.3	72	48.7	52	64
重量 w（千克）	2000	3000	1000	500	4000	2000	1000
件数	8	7	9	6	6	4	8

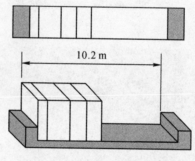

图 3-1　平板车装箱

第一步，提出问题

设 x_{ij} 表示装到第 $j(j=1,2)$ 辆铁路平板车上的 C_i 类包装箱的个数（$1\leqslant i\leqslant 7$）；N_i 表示类型为 C_i 的包装箱的总件数；w_i 表示类型为 C_i 的包装箱的每件重量；t_i 表示类型为 C_i 的包装箱的每件厚度；f 表示剩余的空间．

我们的目的是使得装车剩下的空间最少．为此目标函数是

$$\min f = \left(1020 - \sum_{i=1}^{7} t_i x_{i1}\right) + \left(1020 - \sum_{i=1}^{7} t_i x_{i2}\right)$$
$$= 2040 - \sum_{i=1}^{7} t_i(x_{i1} + x_{i2}) \tag{3-25}$$

平板车 1 和平板车 2 的长度约束分别为

$$\sum_{i=1}^{7} t_i x_{i1} \leqslant 1020 \tag{3-26}$$

$$\sum_{i=1}^{7} t_i x_{i2} \leqslant 1020 \tag{3-27}$$

平板车 1 和平板车 2 的载重量约束分别为

$$\sum_{i=1}^{7} w_i x_{i1} \leqslant 40000 \qquad (3-28)$$

$$\sum_{i=1}^{7} w_i x_{i2} \leqslant 40000 \qquad (3-29)$$

C_i 类包装箱的件数限制为

$$x_{i1} + x_{i2} \leqslant N_i \qquad (3-30)$$

对 C_5、C_6、C_7 三种型号的包装箱长度的特别限制为

$$t_5(x_{51}+x_{52}) + t_6(x_{61}+x_{62}) + t_7(x_{71}+x_{72}) \leqslant 302.7 \qquad (3-31)$$

最后,变量约束为

$$x_{ij} \geqslant 0,且为整数 \qquad (3-32)$$

于是问题转化为,如何在约束条件(3-26)～(3-32)下求(3-25)的最小值.

第二步,选择建模方法

由于变量 x_{ij} 是整数,而且目标函数和约束条件都是线性的,所以我们选择整数线性规划来解决.

第三步,建立模型

综上所述,所建立的整数线性规划模型为

$$\min f = 2040 - \sum_{i=1}^{7} t_i(x_{i1} + x_{i2})$$

$$\text{s. t.} \begin{cases} \sum_{i=1}^{7} t_i x_{i1} \leqslant 1020; \quad \sum_{i=1}^{7} t_i x_{i2} \leqslant 1020 \\[2mm] \sum_{i=1}^{7} w_i x_{i1} \leqslant 40000; \quad \sum_{i=1}^{7} w_i x_{i2} \leqslant 40000 \\[2mm] x_{i1} + x_{i2} \leqslant N_i \\[2mm] t_5(x_{51}+x_{52}) + t_6(x_{61}+x_{62}) + t_7(x_{71}+x_{72}) \leqslant 302.7 \\[2mm] x_{ij} \geqslant 0,且是整数 \end{cases} \qquad (3-33)$$

第四步,求解模型

使用 Lingo 软件求解.求解(3-33)的程序见附录 12.

执行"求解"命令,计算结果见附录 13.

即 $x_{11}=6$,$x_{21}=3$,$x_{31}=5$,$x_{41}=3$,$x_{51}=1$,$x_{61}=0$,$x_{71}=0$,$x_{12}=2$,$x_{22}=4$,$x_{32}=4$,$x_{42}=3$,$x_{52}=2$,$x_{62}=3$,$x_{72}=0$,总剩余空间 $f=0.6$ 厘米.

通过分析可知,第 1 辆平板车剩余空间是 0.6 厘米,第 2 辆平板车没有

剩余空间. C_5、C_6、C_7 类包装箱所占的总空间（厚度）是 302.1 厘米，没有超过 302.7 厘米.

第五步,回答问题

第 1 辆平板车装 C_1、C_2、C_3、C_4、C_5、C_6、C_7 类型的箱子个数分别是 6 个、3 个、5 个、3 个、1 个、0 个；第 2 辆平板车装 C_1、C_2、C_3、C_4、C_5、C_6、C_7 类型的箱子个数分别是 2 个、4 个、4 个、3 个、2 个、3 个. 两辆平板车的总剩余空间是 0.6 厘米.

附录 12

```
min = 2040 - (t1 * (x11 + x12) + t2 * (x21 + x22) + t3 * (x31 + x32) +
   t4 * (x41 + x42) + t5 * (x51 + x52) + t6 * (x61 + x62) + t7 * (x71 + x72));
   t1 * x11 + t2 * x21 + t3 * x31 + t4 * x41 + t5 * x51 + t6 * x61 + t7 * x71 <
= 1020;
   t1 * x12 + t2 * x22 + t3 * x32 + t4 * x42 + t5 * x52 + t6 * x62 + t7 * x72 <
= 1020;
   w1 * x11 + w2 * x21 + w3 * x31 + w4 * x41 + w5 * x51 + w6 * x61 + w7 * x71 <
= 40000;
   w1 * x12 + w2 * x22 + w3 * x32 + w4 * x42 + w5 * x52 + w6 * x62 + w7 * x72 <
= 40000;
   x11 + x12 < = 8;
   x21 + x22 < = 7;
   x31 + x32 < = 9;
   x41 + x42 < = 6;
   x51 + x52 < = 6;
   x61 + x62 < = 4;
   x71 + x72 < = 8;
   t5 * (x51 + x52) + t6 * (x61 + x62) + t7 * (x71 + x72) < = 302.7;
   t1 = 48.7;
   t2 = 52;t3 = 61.3;t4 = 72;t5 = 48.7;t6 = 52;t7 = 64;
   w1 = 2000;w2 = 3000;w3 = 1000;w4 = 500;w5 = 4000;w6 = 2000;w7 = 1000;
   @gin(x11);@gin(x12);@gin(x21);@gin(x22);@gin(x31);@gin
(x32);
   @gin(x41);@gin(x42);@gin(x51);@gin(x52);@gin(x61);
   @gin(x62);@gin(x71);@gin(x72);
```

附录13

Objective value: 0.6000000		
Variable	Value	Reduced Cost
X11	6.000000	− 48.70000
X12	2.000000	− 48.70000
X21	3.000000	− 52.00000
X22	4.000000	− 52.00000
X31	5.000000	− 61.30000
X32	4.000000	− 61.30000
X41	3.000000	− 72.00000
X42	3.000000	− 72.00000
X51	1.000000	− 48.70000
X52	2.000000	− 48.70000
X61	0.000000	− 52.00000
X62	3.000000	− 52.00000
X71	0.000000	− 64.00000
X72	0.000000	− 64.00000

3.7 DVD 在线租赁问题

随着信息时代的到来,网络成为人们生活中越来越不可或缺的元素之一.许多网站利用其强大的资源和知名度,面向其会员群提供日益专业化和便捷化的服务.例如,音像制品的在线租赁就是一种可行的服务.这项服务充分发挥了网络的诸多优势,包括传播范围广泛、直达核心消费群、强烈的互动性、感官性强、成本相对低廉等,为顾客提供更为周到的服务.

考虑如下的在线 DVD 租赁问题。顾客缴纳一定数量的月费成为会员,订购 DVD 租赁服务。会员对哪些 DVD 有兴趣,只要在线提交订单,网站就会通过快递的方式尽可能满足要求。会员提交的订单包括多张 DVD,这些 DVD 是基于其偏爱程度排序的。网站会根据手头现有的 DVD 数量和会员的订单进行分发。每个会员每次获得 3 张 DVD。会员看完 3 张 DVD 之后,只需要将 DVD 放进网站提供的信封里寄回(邮费由网站承担),就可以继续下次租赁。

表 3-3 中列出了网站手上 5 种 DVD 的现有张数和当前需要处理的 10 位会员的在线订单. D01~D05 表示 5 种 DVD,C01~C10 表示 10 个会员,会员的在线订单用数字 1,2,… 表示,数字越小表示会员的偏爱程度越高,数字 0 表示对应的 DVD 当前不在会员的在线订单中.

表 3-3 已知数据信息

DVD 编号		D01	D02	D03	D04	D05
现有数量		4	10	5	3	8
会员	C01	3	1	2	0	4
	C02	1	5	9	7	0
	C03	0	6	3	1	2
	C04	8	2	9	0	4
	C05	5	3	1	6	0
	C06	4	7	6	0	9
	C07	7	0	6	3	1
	C08	3	8	4	5	0
	C09	0	3	2	9	0
	C10	7	0	5	6	8

如何对这些 DVD 进行分配,才能使会员获得最大的满意度?请具体列出 10 位会员获得哪些 DVD.(根据 2005 年全国大学生数学建模竞赛 D 题改编).

第一步,问题提出

记:

n:当前需要分发的会员数量.

m:当前 DVD 种类数.

c_j:第 j 种 DVD 的现有数量,$j=1,2,\cdots,m$.

a_{ij}:订单矩阵,$i=1,2,\cdots n,j=1,2,\cdots,m$.

x_{ij}:是否选择第 j 种 DVD 分配给第 i 位用户. $x_{ij}=1$ 表示是;$x_{ij}=0$ 表示否.

y_i:第 i 位用户是否得到 DVD. $y_i=1$ 表示得到;$y_i=0$ 表示未得到.

s_{ij}:第 i 位顾客对第 j 张 DVD 的满意度.定义为,当 $a_{ij}>0$ 时,$s_{ij}=27-$

a_{ij};当 $a_{ij} = 0$ 时,$s_{ij} = 0$.

我们的目的是使得会员的满意度最大,因此目标函数为

$$f = \sum_{i=1}^{n} \sum_{j=1}^{m} s_{ij} x_{ij} \tag{3-34}$$

只有当会员订了某张 DVD 才可以向该会员分配,所以

$$x_{ij} \leqslant a_{ij} \tag{3-35}$$

DVD 的库存数量约束为

$$\sum_{i=1}^{n} x_{ij} \leqslant c_j \tag{3-36}$$

每位会员每次订 3 张,所以

$$\sum_{j=1}^{m} x_{ij} = 3y_i \tag{3-37}$$

变量约束为

$$x_{ij}, y_i = 0 \ 或 \ 1 \tag{3-38}$$

于是问题转化为,如何在约束条件(3-35)~(3-38)下求(3-34)的最大值.

第二步,选择建模方法

由于变量 x_{ij}, y_i 是 $0-1$ 变量,而且目标函数和约束条件都是线性的,所以我们选择 $0-1$ 线性规划模型来解决.

第三步,模型建立

综上所述,建立 $0-1$ 线性规划模型为

$$\max f = \sum_{i=1}^{n} \sum_{j=1}^{m} s_{ij} x_{ij}$$

$$\text{s. t.} \begin{cases} x_{ij} \leqslant a_{ij} \\ \sum_{i=1}^{n} x_{ij} \leqslant c_j \\ \sum_{j=1}^{m} x_{ij} = 3y_i \\ x_{ij}, \quad y_i = 0,1 \end{cases} \tag{3-39}$$

第四步,模型求解

使用 Lingo 软件求解.求解(3-39)式的程序见附录 14.

执行"求解"命令,计算结果见附录 15.

第五步,回答问题

10 位会员获得的 DVD 情况如表 3-4 所示.

表 3-4　各位会员获得的 DVD 张数

DVD 编号		D01	D02	D03	D04	D05
	C01		1	1		1
	C02					
	C03		1		1	1
	C04	1	1			1
会员	C05	1	1	1		
	C06	1	1			1
	C07			1	1	1
	C08	1	1	1		
	C09		1	1	1	
	C10					

附录 14

```
max = 24 * x11 + 26 * x12 + 25 * x13 + 0 * x14 + 23 * x15 +
26 * x21 + 22 * x22 + 18 * x23 + 20 * x24 + 0 * x25 +
0 * x31 + 21 * x32 + 24 * x33 + 26 * x34 + 25 * x35 +
19 * x41 + 25 * x42 + 18 * x43 + 0 * x44 + 23 * x45 +
22 * x51 + 24 * x52 + 26 * x53 + 21 * x54 + 0 * x55 +
23 * x61 + 20 * x62 + 21 * x63 + 0 * x64 + 18 * x65 +
20 * x71 + 0 * x72 + 21 * x73 + 24 * x74 + 26 * x75 +
24 * x81 + 19 * x82 + 23 * x83 + 22 * x84 + 0 * x85 +
0 * x91 + 24 * x92 + 25 * x93 + 18 * x94 + 0 * x95 +
20 * x101 + 0 * x102 + 22 * x103 + 21 * x104 + 19 * x105;

x11 < = 3;x12 < = 1;x13 < = 2;x14 < = 0;x15 < = 4;
x21 < = 1;x22 < = 5;x23 < = 9;x24 < = 7;x25 < = 0;
x31 < = 0;x32 < = 6;x33 < = 3;x34 < = 1;x35 < = 2;
x41 < = 8;x42 < = 2;x43 < = 9;x44 < = 0;x45 < = 4;
x51 < = 5;x52 < = 3;x53 < = 1;x54 < = 6;x55 < = 0;
x61 < = 4;x62 < = 7;x63 < = 6;x64 < = 0;x65 < = 9;
x71 < = 7;x72 < = 0;x73 < = 6;x74 < = 3;x75 < = 1;
```

```
x81<= 3;x82<= 8;x83<= 4;x84<= 5;x85<= 0;
x91<= 0;x92<= 3;x93<= 2;x94<= 9;x95<= 0;
x101<= 7;x102<= 0;x103<= 5;x104<= 6;x105<= 8;

x11 + x21 + x31 + x41 + x51 + x61 + x71 + x81 + x91 + x101<= 4;
x12 + x22 + x32 + x42 + x52 + x62 + x72 + x82 + x92 + x102<= 10;
x13 + x23 + x33 + x43 + x53 + x63 + x73 + x83 + x93 + x103<= 5;
x14 + x24 + x34 + x44 + x54 + x64 + x74 + x84 + x94 + x104<= 3;
x15 + x25 + x35 + x45 + x55 + x65 + x75 + x85 + x95 + x105<= 8;

x11 + x12 + x13 + x14 + x15 = 3 * y1;
x21 + x22 + x23 + x24 + x25 = 3 * y2;
x31 + x32 + x33 + x34 + x35 = 3 * y3;
x41 + x42 + x43 + x44 + x45 = 3 * y4;
x51 + x52 + x53 + x54 + x55 = 3 * y5;
x61 + x62 + x63 + x64 + x65 = 3 * y6;
x71 + x72 + x73 + x74 + x75 = 3 * y7;
x81 + x82 + x83 + x84 + x85 = 3 * y8;
x91 + x92 + x93 + x94 + x95 = 3 * y9;
x101 + x102 + x103 + x104 + x105 = 3 * y10;

@bin(x11);@bin(x12);@bin(x13);@bin(x14);@bin(x15);
@bin(x21);@bin(x22);@bin(x23);@bin(x24);@bin(x25);
@bin(x31);@bin(x32);@bin(x33);@bin(x34);@bin(x35);
@bin(x41);@bin(x42);@bin(x43);@bin(x44);@bin(x45);
@bin(x51);@bin(x52);@bin(x53);@bin(x54);@bin(x55);
@bin(x61);@bin(x62);@bin(x63);@bin(x64);@bin(x65);
@bin(x71);@bin(x72);@bin(x73);@bin(x74);@bin(x75);
@bin(x81);@bin(x82);@bin(x83);@bin(x84);@bin(x85);
@bin(x91);@bin(x92);@bin(x93);@bin(x94);@bin(x95);
@bin(x101);@bin(x102);@bin(x103);@bin(x104);@bin(x105);

@bin(y1);@bin(y2);@bin(y3);@bin(y4);@bin(y5);
@bin(y6);@bin(y7);@bin(y8);@bin(y9);@bin(y10);
```

附录 15

```
Global optimal solution found.
   Objective value: 550.0000


Variable            Value            Reduced Cost
        X11      0.000000             - 24.00000
        X12      1.000000             - 26.00000
        X13      1.000000             - 25.00000
        X14      0.000000               0.000000
        X15      1.000000             - 23.00000
        X21      0.000000             - 26.00000
        X22      0.000000             - 22.00000
        X23      0.000000             - 18.00000
        X24      0.000000             - 20.00000
        X25      0.000000               0.000000
        X31      0.000000               0.000000
        X32      1.000000             - 21.00000
        X33      0.000000             - 24.00000
        X34      1.000000             - 26.00000
        X35      1.000000             - 25.00000
        X41      1.000000             - 19.00000
        X42      1.000000             - 25.00000
        X43      0.000000             - 18.00000
        X44      0.000000               0.000000
        X45      1.000000             - 23.00000
        X51      1.000000             - 22.00000
        X52      1.000000             - 24.00000
        X53      1.000000             - 26.00000
        X54      0.000000             - 21.00000
        X55      0.000000               0.000000
        X61      1.000000             - 23.00000
        X62      1.000000             - 20.00000
        X63      0.000000             - 21.00000
```

X64	0. 000000	0. 000000
X65	1. 000000	− 18. 00000
X71	0. 000000	− 20. 00000
X72	0. 000000	0. 000000
X73	1. 000000	− 21. 00000
X74	1. 000000	− 24. 00000
X75	1. 000000	− 26. 00000
X81	1. 000000	− 24. 00000
X82	1. 000000	− 19. 00000
X83	1. 000000	− 23. 00000
X84	0. 000000	− 22. 00000
X85	0. 000000	0. 000000
X91	0. 000000	0. 000000
X92	1. 000000	− 24. 00000
X93	1. 000000	− 25. 00000
X94	1. 000000	− 18. 00000
X95	0. 000000	0. 000000
X101	0. 000000	− 20. 00000
X102	0. 000000	0. 000000
X103	0. 000000	− 22. 00000
X104	0. 000000	− 21. 00000
X105	0. 000000	− 19. 00000
Y1	1. 000000	0. 000000
Y2	0. 000000	0. 000000
Y3	1. 000000	0. 000000
Y4	1. 000000	0. 000000
Y5	1. 000000	0. 000000
Y6	1. 000000	0. 000000
Y7	1. 000000	0. 000000
Y8	1. 000000	0. 000000
Y9	1. 000000	0. 000000
Y10	0. 000000	0. 000000

3.8 基金使用计划

　　某校基金会有一笔 5000 万元的基金，打算将其存入银行或购买国库券。当前银行存款及各期国库券的利率如表 3-5 所示。假设国库券每年至少发行一次，发行时间不定。取款政策参考银行的现行政策。

表 3-5　当前银行存款及各期国库券的利率

	银行存款税后年利率(%)	国库券年利率(%)
活期	0.792	
半年期	1.664	
一年期	1.800	
两年期	1.944	2.55
三年期	2.160	2.89
五年期	2.304	3.14

　　校基金会计划在 10 年内每年用部分本息奖励优秀师生，要求每年的奖金额大致相同，且在 10 年末仍保留原基金数额。校基金会希望获得最佳的基金使用计划，以提高每年的奖金额。请你帮助校基金会在如下情况下设计基金使用方案：

　　(1)只存款不购国库券；

　　(2)可存款也可购国库券；

　　(3)学校在基金到位后的第 3 年要举行百年校庆，基金会希望这一年的奖金比其他年度多 20%(本题是 2001 年全国大学生数学建模竞赛 C 题)。

3.8.1　基本假设

基本假设条件如下：

　　(1)学校基金在第一年初到位；

　　(2)学校每年发放奖金的时间都是在每年末；

　　(3)通货膨胀率忽略不计；

　　(4)银行储蓄年利率和国库券年利率在 10 年内基本不变；

　　(5)国库券每次发行都有两年期、三年期、五年期；

　　(6)储蓄存款利率按照单利计算；

(7)半年活期按照 180 天计算；

(8)国库券按期一次性偿还本金并付给利息,利息按照单利计算；

(9)每年发放的基金基本相等.

3.8.2　符号说明

符号说明如下：

M:基金数;在本题中 $M=5000$.

A:每年发放的奖金额.

x_{i0}:第 i 年用于活期存款的资金；r_0:活期存款的税后年利率.

x_{i1}:第 i 年用于半年期存款的资金；r_1:半年期存款的税后年利率.

x_{i2}:第 i 年用于一年期存款的资金；r_2:一年期存款的税后年利率.

x_{i3}:第 i 年用于两年期存款的资金；r_3:两年期存款的税后年利率.

x_{i4}:第 i 年用于三年期存款的资金；r_4:三年期存款的税后年利率.

x_{i5}:第 i 年用于五年期存款的资金；r_5:五年期存款的税后年利率.

u_{i1}:第 i 年用于购买两年期国库券的资金；R_1:两年期国库券的年利率.

u_{i2}:第 i 年用于购买三年期国库券的资金；R_2:两年期国库券的年利率.

u_{i3}:第 i 年用于购买五年期国库券的资金；R_3:五年期国库券的年利率.

其余符号在文中直接说明.

3.8.3　只存款不购买国库券的投资模型

第一步,问题提出

由于只需在每年末发放奖金,所以可以不考虑活期存款和半年期存款.每年末回收的资金可以分为两部分,一部分用于发放该年的奖金,一部分用于下一年的投资,依次下去,直到第 10 年末,回收的资金除去所发的该年的奖金外,刚好等于最初的基金 5000 万元.

设 z_i 为第 i 年用于发放存款的总资金,y_i 为第 $i-1$ 年末所回收的存款本息和与当年发放奖金的差,$i=1,2,\cdots,11$.则

$$z_i = x_{i2} + x_{i3} + x_{i4} + x_{i5}$$
$$y_i = (1+r_2)x_{(i-1)2} + (1+2r_2)x_{(i-2)3} + (1+5r_2)x_{(i-5)5} - A$$

显然

$$y_i = z_i, \quad i=1,2,\cdots,11 \tag{3-40}$$

第 1、2、3、4、5、6 年用于发放存款的总资金为

$$z_i = x_{i2} + x_{i3} + x_{i4} + x_{i5}, i=1,2,3,4,5,6 \tag{3-41}$$

第 7 年用于发放存款的总资金为
$$z_7 = x_{72} + x_{73} + x_{74} \tag{3-42}$$
第 8 年用于发放存款的总资金为
$$z_8 = x_{82} + x_{83} + x_{84} \tag{3-43}$$
第 9 年用于发放存款的总资金为
$$z_9 = x_{92} + x_{93} \tag{3-44}$$
第 10 年用于发放存款的总资金为
$$z_{10} = x_{102} \tag{3-45}$$
第 11 年用于发放存款的总资金为
$$z_{11} = 5000 \tag{3-46}$$
第 0 年末所回收的存款本息和与当年发放奖金的差为
$$5000 = y_1 \tag{3-47}$$
第 1 年末所回收的存款本息和与当年发放奖金的差为
$$(1+r_2)x_{12} - A = y_2 \tag{3-48}$$
第 2 年末所回收的存款本息和与当年发放奖金的差为
$$(1+r_2)x_{22} + (1+2r_3)x_{13} - A = y_3 \tag{3-49}$$
第 3 年末所回收的存款本息和与当年发放奖金的差为
$$(1+r_2)x_{32} + (1+2r_3)x_{23} + (1+3r_4) - A = y_4 \tag{3-50}$$
第 4 年末所回收的存款本息和与当年发放奖金的差为
$$(1+r_2)x_{42} + (1+2r_3)x_{33} + (1+3r_4)x_{24} - A = y_5 \tag{3-51}$$
第 5、6、7、8、9、10 年末所回收的存款本息和与当年发放奖金的差为
$$(1+r_2)x_{(i-1)2} + (1+2r_3)x_{(i-2)3} + (1+3r_4)x_{(i-3)4} + (1+5r_5)x_{(i-5)5}$$
$$-A = y_i, \quad i = 6,7,8,9,10,11 \tag{3-52}$$
变量约束为
$$x_{ij} \geqslant 0, A \geqslant 0 \tag{3-53}$$
目标函数为每年发放的奖金额度,即
$$f = A \tag{3-54}$$
于是问题转化为在约束(3-40)~(3-53)下求(3-54)式的最大值.

第二步,选择建模方法

选择连续线性规划方法来解决.

第三步,模型建立

由约束(3-40)~(3-53)以及构成模型 I.

第四步,模型求解

使用 Lingo 软件求解得(程序和结果见附录 16),投资方案如表 3-6 所示.

表 3-6　投资方案

	1	2	3	4	6	7
一年期	396.76					
两年期	200.49					
三年期	195.61	103.13				103.13
五年期	4207.13	190.95	98.47	98.47	4581.97	

第五步,回答问题

第 1 年在一年期、两年期、三年期、五年期上分别投资 396.76 万元、200.49 万元、195.61 万元、4207.13 万元.

第 2 年在三年期、五年期上分别投资 103.13 万元、190.95 万元.

第 3、4、6 年在五年期上分别投资 98.47 万元、98.47 万元、4581.97 万元.

第 7 年在三年期上投资 103.13 万元.

每年奖金额大约为 109.82 万元.

3.8.4　既存款也购买国库券的投资模型

第一步,问题提出

由于每年发行国库券的时间和发行的次数不定,为了不让用于购买国库券的那部分资金闲置,我们设立如下的解决方案.

以 2 年期国库券为例.由于在年初投放资金时不能购买国库券,我们先将购买国库券的那部分资金全部用于半年期存款,如果在上半年内发行了国库券,就将资金全部取出购买国库券.在国库券到期后全部取出转为半年期存款,到期后再转为活期存款直到年末取出发奖金;如果在上半年内没有发行国库券,那么下半年一定会发行的,就将半年期的资金全部取出转为活期存款用于购买国库券.在国库券到期后全部取出转为活期存款,直到年末取出发奖金;因此我们将运转周期定为 3 年.不管国库券什么时候发行,在这 3 年里,必然是 2 年存国库券,有半年是存半年期的,有半年是存活期的,即采用活期、半年期、国库券的"组合式"投资.同理,三年期、五年期的国库券的周期分别为 4 年、6 年.由于国库券在半年里的发行时间是随机的,所以我们

假设发行时间在半年时间的中值,于是这部分的资金在这几年里的收益为

收益＝本金×(1＋年数×国库券的年利率)×(1＋半年期年利率/2)×(1＋活期年利率/2).

记：

$$p_1 = (1+2R_1)(1+r_0/2)(1+r_1/2) = 1.06394.$$
$$p_2 = (1+3R_2)(1+r_0/2)(1+r_1/2) = 1.10008.$$
$$p_3 = (1+5R_5)(1+r_0/2)(1+r_1/2) = 1.17125.$$

第 1、2、3、4、5 年用于发放存款和购买国库券的总资金为

$$z_i = x_{i2} + x_{i3} + x_{i4} + x_{i5}u_{i1} + u_{i2} + u_{i3}, i = 1,2,3,4,5 \tag{3-55}$$

第 6 年用于发放存款的总资金为

$$z_6 = x_{62} + x_{63} + x_{64} + x_{65} + u_{61} + u_{62} \tag{3-56}$$

第 7 年用于发放存款的总资金为

$$z_7 = x_{72} + x_{73} + x_{74} + u_{71} + u_{72} \tag{3-57}$$

第 8 年用于发放存款的总资金为

$$z_8 = x_{82} + x_{83} + x_{84} + u_{81} \tag{3-58}$$

第 9 年用于发放存款的总资金为

$$z_9 = x_{92} + x_{93} \tag{3-59}$$

第 10 年用于发放存款的总资金为

$$z_{10} = x_{102} \tag{3-60}$$

第 11 年用于发放存款的总资金为

$$z_{11} = 5000 \tag{3-61}$$

第 0 年末所回收的存款本息和与当年发放奖金的差为

$$5000 = y_1 \tag{3-62}$$

第 1 年末所回收的存款本息和与当年发放奖金的差为

$$(1+r_2)x_{12} - A = y_2 \tag{3-63}$$

第 2 年末所回收的存款本息和与当年发放奖金的差为

$$(1+r_2)x_{22} + (1+2r_3)x_{13} - A = y_3 \tag{3-64}$$

第 3 年末所回收的存款本息和与当年发放奖金的差为

$$(1+r_2)x_{32} + (1+2r_3)x_{23} + (1+3r_4)x_{14} - A + u_{11}p_1 = y_4 \tag{3-65}$$

第 4 年末所回收的存款本息和与当年发放奖金的差为

$$(1+r_2)x_{42} + (1+2r_3)x_{33} + (1+3r_4)x_{24} - A + u_{12}p_2 + u_{21}p_1 = y_5 \tag{3-66}$$

第 5 年末所回收的存款本息和与当年发放奖金的差为

$$(1+r_2)x_{52}+(1+2r_3)x_{43}+(1+3r_4)x_{34}+(1+5r_5)x_{15}-A+u_{31}p_1$$
$$+u_{22}p_2=y_6 \tag{3-67}$$

第 6、7、8、9、10 年末所回收的存款本息和与当年发放奖金的差为

$$(1+r_2)x_{(i-1)2}+(1+2r_3)x_{(i-2)3}+(1+3r_4)x_{(i-3)4}+(1+5r_5)x_{(i-5)5}$$
$$-A+u_{(i-3)1}p_1+u_{(i-4)2}p_2+y_{(i-6)3}p_3=y_i, i=6,7,8,9,10,11 \tag{3-68}$$

仍然有

$$y_i=z_i, \quad i=1,2,\cdots,11 \tag{3-69}$$

变量约束为

$$x_{ij}, x_{ij} \geqslant 0, A \geqslant 0 \tag{3-70}$$

目标函数为每年发放的奖金额度,即

$$f=A \tag{3-71}$$

于是问题转化为在约束(3-55)~(3-70)下求(3-71)式的最大值.

第二步,选择建模方法

选择连续线性规划方法来解决.

第三步,模型建立

由公式(3-55)~(3-70)组成约束条件,求目标函数的最大值,即构成模型 Ⅱ.

第四步,模型求解

使用 Lingo 软件求解(程序和结果见附录17),投资方案如表 3-7 所示.

表 3-7　投资方案

	1	2	3	5	7
一年期	346.09				
两年期	227.55				
三年期	119.76				119.76
三年期国库券	4095.47	115.92			
五年期国库券	211.13	108.88	108.88	4377.82	

第五步,回答问题

第 1 年在一年期、两年期、三年期上分别投资 346.09 万元、227.55 万元、119.76 万元,在三年期国库券、五年期国库券上分别投资 4095.47 万元、211.13 万元.

第 2 年在三年期国库券、五年期国库券上分别投资 115.92 万元、108.88 万元.

第 5 年在五年期国库券上投资 4377.82 万元.

第 7 年在三年期上投资 119.76 万元.

每年奖金额大约为 127.52 万元.

3.8.5 有校庆年的投资模型

由于投资计划有两种投资组合,所以分两种情况讨论.

1. 只存款不购买国库券的校庆投资模型

第一步,问题提出

在只存款不购买国库券的投资情况下,学校在第 3 年要举行百年校庆,这一年的奖金比其他年度多 20%.只要在第 3 年末的回收资金约束条件中把 A 改为 $1.2A$,其余约束条件不变.于是问题转化为,在校庆年里的奖金额是 $1.2A$ 的条件下求每年奖金额 A 的最大值问题.

第二步,选择建模方法

选择连续线性规划方法来解决.

第三步,模型建立

在模型 I 中,把(3-50)式改为

$$(1+r_2)x_{32}+(1+2r_3)x_{23}+(1+3r_4)x_{14}-1.2A=y_4 \tag{3-72}$$

其余条件不变,就得到模型 III.

第四步,模型求解

使用 Lingo 软件求解,投资方案如表 3-8 所示.

表 3-8 投资方案

	1	2	3	5	6
一年期	388.58				
两年期	196.36				
三年期	121.21	191.58			101.01
五年期	4293.85	96.44	96.44	96.44	4579.94

第五步,回答问题

第 1 年在一年期、两年期、三年期、五年期上分别投资 388.58 万元、196.36 万元、121.21 万元、4293.85 万元.

第 2 年在三年期国库券、五年期国库券上分别投资 191.58 万元、96.44 万元.

第 3 年在五年期上投资 96.44 万元.

第 5 年在五年期上投资 96.44 万元.

第 6 年在三年期、五年期上分别投资 101.01、万元、4579.94 万元.

每年奖金额大约为 107.55 万元.校庆年的奖金额度达到 109.06 万元.

2.既存款又购买国库券的校庆投资模型

第一步,问题提出

在既存款又购买国库券的投资情况下,学校在第 3 年要举行百年校庆,且奖金比其他年度多 20%.只要在第 3 年末的回收资金约束条件中把 A 改为 1.2A,其余约束条件不变.于是问题转化为,在校庆年里的奖金额是 1.2A 的条件下求每年奖金额 A 的最大值问题.

第二步,选择建模方法

选择连续线性规划方法来解决.

第三步,模型建立

在模型 Ⅱ 中,把(3-65)式改为

$$(1+r_2)x_{32}+(1+2r_3)x_{23}+(1+3r_4)-1.2A+u_{11}p_1=y_4 \qquad (3\text{-}73)$$

其余条件不变,就得到模型 Ⅳ.

第四步,模型求解

使用 Lingo 软件求解,投资方案如表 3-9 所示.

表 3-9　投资方案

	1	2	3	5	7
一年期	338.84				
两年期	222.79				
三年期	140.70				117.25
三年期国库券	4090.97	113.49			
五年期国库券	206.71	106.60	106.60	4375.54	

第五步,回答问题

第 1 年在一年期、两年期、三年期上分别投资 338.84 万元、222.79 万元、140.70 万元. 在三年期国库券、五年期国库券上分别投资 4090.97 万元、206.71 万元.

第 2 年在三年期国库券、五年期国库券上分别投资 113.49 万元、106.60 万元.

第 3 年在五年期国库券上投资 106.60 万元.

第 5 年在五年期国库券上投资 4375.54 万元.

第 7 年在三年期上投资 117.25 万元.

每年奖金额大约为 124.85 万元. 校庆年的奖金额度达到 149.82 万元.

附录 16

```
max = a;
y1 = z1;y2 = z2;y3 = z3;y4 = z4;y5 = z5;y6 = z6;y7 = z7;y8 = z8;y9 = z9;
y10 = z10;y11 = z11;
z1 = x12 + x13 + x14 + x15;
z2 = x22 + x23 + x24 + x25;
z3 = x32 + x33 + x34 + x35;
z4 = x42 + x43 + x44 + x45;
z5 = x52 + x53 + x54 + x55;
z6 = x62 + x63 + x64 + x65;
z7 = x72 + x73 + x74;
z8 = x82 + x83 + x84;
z9 = x92 + x93;
z10 = x102;
z11 = 5000;
5000 = y1;
(1 + r2) * x12 - a = y2;
(1 + r2) * x22 + (1 + 2 * r3) * x13 - a = y3;
(1 + r2) * x32 + (1 + 2 * r3) * x23 + (1 + 3 * r4) * x14 - a = y4;
(1 + r2) * x42 + (1 + 2 * r3) * x33 + (1 + 3 * r4) * x24 - a = y5;
(1 + r2) * x52 + (1 + 2 * r3) * x43 + (1 + 3 * r4) * x34 + (1 + 5 * r5) * x15
- a = y6;
(1 + r2) * x62 + (1 + 2 * r3) * x53 + (1 + 3 * r4) * x44 + (1 + 5 * r5) * x25
- a = y7;
(1 + r2) * x72 + (1 + 2 * r3) * x63 + (1 + 3 * r4) * x54 + (1 + 5 * r5) * x35
- a = y8;
(1 + r2) * x82 + (1 + 2 * r3) * x73 + (1 + 3 * r4) * x64 + (1 + 5 * r5) * x45
- a = y9;
```

```
    (1 + r2) * x92 + (1 + 2 * r3) * x83 + (1 + 3 * r4) * x74 + (1 + 5 * r5) * x55
- a = y10;
    (1 + r2) * x102 + (1 + 2 * r3) * x93 + (1 + 3 * r4) * x84 + (1 + 5 * r5) * x65
- a = y11;
    r2 = 1.8/100; r3 = 1.944/100; r4 = 2.16/100; r5 = 2.304/100;
```

解得(只保留了非零的决策变量)

```
Global optimal solution found at iteration: 12
Objective value:   109.8169
```

Variable	Value	Reduced Cost
A	109.8169	0.000000
X12	396.7621	0.000000
X13	200.4946	0.000000
X14	195.6140	0.000000
X24	103.1339	0.000000
X15	4207.129	0.000000
X25	190.9530	0.000000
X35	98.47287	0.000000
X45	98.47287	0.000000
X74	103.1339	0.000000
X65	4581.974	0.000000

附录 17

```
max = a;
z1 = x12 + x13 + x14 + x15 + u11 + u12 + u13;
z2 = x22 + x23 + x24 + x25 + u21 + u22 + u23;
z3 = x32 + x33 + x34 + x35 + u31 + u32 + u33;
z4 = x42 + x43 + x44 + x45 + u41 + u42 + u43;
z5 = x52 + x53 + x54 + x55 + u51 + u52 + u53;
z6 = x62 + x63 + x64 + x65 + u61 + u62;
z7 = x72 + x73 + x74 + u71 + u72;
z8 = x82 + x83 + x84 + u81;
z9 = x92 + x93;
z10 = x102;
```

$z11 = 5000$;

$5000 = y1$;

$(1 + r2) * x12 - a = y2$;

$(1 + r2) * x22 + (1 + 2 * r3) * x13 - a = y3$;

$(1 + r2) * x32 + (1 + 2 * r3) * x23 + (1 + 3 * r4) * x14 - a + u11 * p1 = y4$;

$(1 + r2) * x42 + (1 + 2 * r3) * x33 + (1 + 3 * r4) * x24 - a + u12 * p2 + u21 * p1 = y5$;

$(1 + r2) * x52 + (1 + 2 * r3) * x43 + (1 + 3 * r4) * x34 + (1 + 5 * r5) * x15 - a + u31 * p1 + u22 * p2 = y6$;

$(1 + r2) * x62 + (1 + 2 * r3) * x53 + (1 + 3 * r4) * x44 + (1 + 5 * r5) * x25 - a + u41 * p1 + u32 * p2 + u13 * p3 = y7$;

$(1 + r2) * x72 + (1 + 2 * r3) * x63 + (1 + 3 * r4) * x54 + (1 + 5 * r5) * x35 - a + u51 * p1 + u42 * p2 + u23 * p3 = y8$;

$(1 + r2) * x82 + (1 + 2 * r3) * x73 + (1 + 3 * r4) * x64 + (1 + 5 * r5) * x45 - a + u61 * p1 + u52 * p2 + u33 * p3 = y9$;

$(1 + r2) * x92 + (1 + 2 * r3) * x83 + (1 + 3 * r4) * x74 + (1 + 5 * r5) * x55 - a + u71 * p1 + u62 * p2 + u43 * p3 = y10$;

$(1 + r2) * x102 + (1 + 2 * r3) * x93 + (1 + 3 * r4) * x84 + (1 + 5 * r5) * x65 - a + u81 * p1 + u72 * p2 + u53 * p3 = y11$;

$y1 = z1$; $y2 = z2$; $y3 = z3$; $y4 = z4$; $y5 = z5$; $y6 = z6$; $y7 = z7$; $y8 = z8$; $y9 = z9$; $y10 = z10$; $y11 = z11$;

$r2 = 1.8/100$; $r3 = 1.944/100$; $r4 = 2.16/100$; $r5 = 2.304/100$;

$p1 = 1.06394$; $p2 = 1.10008$; $p3 = 1.17125$;

解得(只保留了非零的决策变量)

```
Global optimal solution found at iteration:   12
Objective value:        127.5222
      Variable          Value        Reduced Cost
             A       127.5222         0.000000
           X12       346.0903         0.000000
           X13       227.5519         0.000000
           X14       119.7616         0.000000
           U12       4095.468         0.000000
           U22       115.9208         0.000000
```

U13	211.1281	0.000000
U23	108.8770	0.000000
U33	108.8770	0.000000
X74	119.7616	0.000000
U53	4377.820	0.000000

思考与练习 3

1.（运输问题）某水泥厂有三个仓库,供应四个建设工地的需要,仓库储存量、工地需求量以及每吨水泥的运费由表 3-10 给出,问如何安排调运方案使总运费最少?

表 3-10　已知数据信息

	工地 1	工地 2	工地 3	工地 4	供应量
仓库 1	3	11	6	10	700
仓库 2	1	9	2	8	400
仓库 3	7	4	10	5	900
需求量	300	600	500	600	2000

2.（配料问题）某钢铁公司生产一种合金,要求的成分规格是:锡不少于 28%,锌不多于 15%,铅恰好 10%,镍要界于 35%～55% 之间,不允许有其他成分.钢铁公司拟从五种不同级别的矿石中进行冶炼,每种矿物的成分含量和价格如表 3-11 所示.矿石杂质在冶炼过程中废弃,现要求每吨合金成本最低的矿物数量.假设矿石在冶炼过程中,合金含量没有发生变化.

表 3-11　已知数据信息

合金矿石	锡(%)	锌(%)	铅(%)	镍(%)	杂质	费用(元/t)
1	25	10	10	25	30	340
2	40	0	0	30	30	260
3	0	15	5	20	60	180
4	20	20	0	40	20	230
5	8	5	15	17	55	190

3.（生产计划问题）国内某手机生产商考虑生产甲、乙、丙、丁型号的四

款手机,每款手机都需要依次经过 A、B、C 三个车间加工完成.假设每款手机需要各车间加工的工时(单位:时)、各车间的最大生产能力以及每款手机预期的利润都已知,具体数据参见表 3-12.

表 3-12　已知数据信息

	甲	乙	丙	丁	车间最大生产能力
A	1.5	3	1	3	1200 小时
B	8	20	3	12	3000 小时
C	3	8	3	5	2400 小时
单位利润	200 元	1200 元	100 元	400 元	

如果你是主管,应该投产哪几款手机,各生产多少,才能获得尽可能多的利润?

4.(值班安排问题)某商场决定:营业员每周连续工作 5 天后连续休息 2 天,轮流休息.根据统计,商场每天需要的营业员如表 3-13 所示.商场人力资源部应如何安排每天的上班人数,使商场总的营业员最少.

表 3-13　已知数据信息

星期	需要人数	星期	需要人数
一	300	五	480
二	300	六	600
三	350	日	550
四	400		

5.(指派问题)某游泳队准备选用甲、乙、丙、丁四名运动员组成一个 4×100 米混合泳接力队,参加今年的锦标赛.他们的 100 米自由泳、蛙泳、蝶泳、仰泳的成绩如表 3-14 所示.甲、乙、丙、丁四名运动员各自游什么姿势,才有可能取得好成绩?

表 3-14　已知数据信息

	自由泳(秒)	蛙泳(秒)	蝶泳(秒)	仰泳(秒)
甲	56	74	61	63
乙	63	69	65	71
丙	57	77	63	67
丁	55	76	62	62

6.(选址问题)某公司准备投资 100 万元在甲、乙两座城市修建健身中心,经过多方考察,最后选定 $A1, A2, A3, A4, A5$ 五个位置,并且决定在甲城市的 $A1, A2, A3$ 三个位置中最多投建两个,在乙城市的 $A4, A5$ 两个位置中最少投建一个,如果已知各点的投资金额和年利润如表 3-15 所示,问:投建在哪些位置才会使总的年利润最大?

表 3-15　已知数据信息

	A1	A2	A3	A4	A5	投资总额
投资金额(万元)	20	30	25	40	45	100
年利润(万元)	10	25	20	25	30	

第4模块　概率统计模型

　　影响事物变化发展的因素众多,这些因素根据其本身的特性及人们对它们的了解程度可分为确定性的和随机性的.如果随机因素对研究对象的影响必须考虑,就要建立随机性的数学模型.本章就建立了几个比较简单的随机模型——概率模型,其中用到概率的运算以及概率分布、期望、方差等基本知识.

　　当人们对研究对象的内在特性和各因素间的关系有比较充分的认识时,一般用机理分析法建立数学模型;如果由于客观事物内部规律的复杂性及人们的认识程度的限制,无法分析对象间的因果关系,那么通常的办法就是搜集大量的数据,基于对数据的统计分析去建立模型——统计回归模型.

4.1　传送系统的效率

　　在机械化生产车间里你可以看到这样的情景:排列整齐的工作台旁工人们紧张地生产同一种产品,工作台上方一条传递带在运转,带上设置着若干钩子,工人们将产品挂在经过他上方的钩子上带走.当生产进入稳定状态后,每个工人生产出一件产品所需时间是不变的,而他要挂产品的时刻却是随机的.衡量这种传递带的效率可以看它能否及时地把工人们生产的产品带走,显然在工人数目不变的情况下传送带速度越快,带上钩子越多,效率会越高.我们要构造一个衡量传送带效率的指标,并且在一些简化假设下建立一个模型来描述这个指标与工人数目、钩子数量等参数的关系.

第一步,提出问题

　　为了用传送带及时带走的产品数量来表示传送带的效率,在产品生产周期(即生产一件产品的时间)相同的情况下,需要假设工人们在生产出一件产品后,要么恰好有空钩子经过他的工作台,使他可以将产品挂上带走,

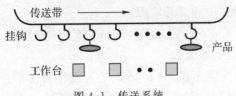

图 4-1 传送系统

要么没有空钩子经过,迫使他将产品放下并立即投入下一件产品的生产,以保持整个系统周期性地运转.

工人们的生产周期虽然相同,但是由于各种随机因素的干扰,经过相当长时间后,他们生产完一件产品的时刻就不会一致,可以认为是随机的,并且在一个生产周期内任一时刻的可能性是一样的.

传送带运转的效率如何表示?由上分析,传送带长期运转的效率等价于一周期的效率,而一周期的效率可以用它在一周期内能带走的产品与一周期内生产的全部产品数之比来描述.为了叙述方便,我们进行下列假设:

(1)有 n 个工人,他们的生产是相互独立的,生产周期是常数,n 个工作台均匀排列.

(2)生产已进入稳定,即每个工人生产出一件产品的时刻在一周期内是等可能的.

(3)在一周期内有 m 个钩子通过每一工作台上方,钩子均匀排列,到达第一个工作台上方个钩子都是空的.

(4)每个工人在任何时刻都能触到一只钩子,也只能触到一只钩子,于是在他生产出一件产品的瞬间,如果他能触到的那只钩子是空的,则可将产品挂上带走;如果那只钩子非空(已被他前面个工人挂上产品),则他只能将这件产品放在地上.而产品一旦放在地上,就永远退出这个传送系统.

我们将传送带效率定义为一个周期内带走的产品数与生产的全部产品数之比,记做 D.设带走的产品数为 s,生产的全部产品数显然为 n,于是 $D=s/n$.问题就是:求出 s.

第二步,选择建模方法

我们可以选择求独立事件概率方法来建模.

事件 A 的概率 p 与其对立事件 $\overline{A}$ 概率 $p(\overline{A})$ 的关系为:$p(\overline{A})=1-p$. n 次独立重复试验事件 A 恰好发生 k 次的概率公式为:

$$p_n(k)=C_n^k p^k (1-p)^{n-k}.$$

特殊地,$p_n(0)=C_n^0 p^0 (1-p)^n$.

下面还要用到二项式展开定理:

$$(a+b)^n=C_n^0 a^n b^0+C_n^1 a^{n-1}b^1+C_n^2 a^{n-2}b^2+\cdots+C_n^k a^{n-k}b^k+\cdots+C_n^n a^0 b^n$$

第三步,推导模型的公式

如果从工人的角度考虑,分析每个工人能将自己的产品挂上钩子的效率,那么这概率显然与工人所在的位置有关(如第一个工人一定可以挂上),这样就使问题复杂化.我们从钩子的角度考虑,在稳态下钩子没有次序,处于同等的地位.若能对一周期内的 m 只钩子求出每只钩子非空(即挂上产品)的概率 p,则 $s=mp$.

得到 p 的步骤如下(均对一周期内而言):

任一只钩子被任一名工人触到的概率是 $1/m$;

任一只钩子不被任一名工人触到的概率是 $1-1/m$;

由工人生产的独立性,任一只钩子不被所有 n 个工人触到的概率,即任一只钩子为空钩的概率是 $(1-1/m)^n$;

任一只钩子非空的概率是 $p=1-(1-1/m)^n$.

这样,传送带效率指标为

$$D=mp/n=m[1-(1-1/m)^n]/n \tag{4-1}$$

第四步,求解模型

为了得到比较简单的结果,在钩子数 m 相对于工人数 n 较大,即 n/m 较小的情况下,将多项式 $\left(1-\dfrac{1}{m}\right)^n$ 展开后只取前三项,则有

$$D=\frac{m}{n}\left[1-\left(1-\frac{n}{m}+\frac{n(n-1)}{2m^2}\right)\right]=1-\frac{n-1}{2m}\approx 1-\frac{n}{2m} \quad (n\gg 1) \tag{4-2}$$

如果将一周期内未带走的产品数与全部产品数之比记作 E,再假定 $n\gg 1$,则

$$D=1-E, \qquad E\approx\frac{n}{2m} \tag{4-3}$$

第五步,回答问题

当 $n=10$,$m=40$ 时,(4-3)式给出的结果为 $D=87.5\%$,(4-1)式得到的精确结果为 $D=89.4\%$.

这个模型是在理想情况下得到的,它的一些假设,如生产周期不变,挂不上钩子的产品退出传送系统等可能是不现实的.但是模型的意义在于,一方面利用基本合理的假设将问题简化到能够建模的程度,并用很简单的方法得到结果;另一方面,所得的简化结果(4-3)式具有非常简明的意义:指标

$E=1-D$(可理解为相反意义的"效率")与 n 成正比,与 m 成反比.通常工人数目 n 是固定的,一周期内通过的钩子数 m 增加 1 倍,可使"效率"E(未被带走的产品数与全部产品数之比)降低 1 倍.

如何改进模型使"效率"降低?

考虑通过增加钩子数来使效率降低的方法:

在原来放置一只钩子处放置的两只钩子成为一个钩对.一周期内通过 m 个钩对,任一钩对被任意工人触到的概率 $p=1/m$,不被触到的概率 $q=1-p$,于是任一钩对为空的概率是 q^n,钩对上只挂一件产品的概率是 npq^{n-1},一周期内通过的 $2m$ 个钩子中,空钩的平均数是 $m(2q^n+npq^{n-1})$ 带走产品的平均数是 $2m-m(2q^n+npq^{n-1})$,未带走产品的平均数是 $n-[2m-m(2q^n+npq^{n-1})]$.按照上一模型的定义,有 $E=1-D=1-\dfrac{m}{n}$

$\left[2-2\left(1-\dfrac{1}{m}\right)^n-\dfrac{n}{m}\left(1-\dfrac{1}{m}\right)^{n-1}\right]$.利用 $\left(1-\dfrac{1}{m}\right)^n$ 和 $\left(1-\dfrac{1}{m}\right)^{n-1}$ 的近似展开,

可得 $E\approx\dfrac{(n-1)(n-2)}{6m^2}\approx\dfrac{n^2}{6m^2}$.

注意:$\left(1-\dfrac{1}{m}\right)^n$ 展开取 4 项,$\left(1-\dfrac{1}{m}\right)^{n-1}$ 展开取 3 项.而根据上一模型中的方法有 $E_1=\dfrac{n}{4m}$,则有 $E=\beta E_1,\beta=\dfrac{2n}{3m}$,当 $m>\dfrac{2n}{3}$ 时,$\beta<1$.所以该模型提供的方法比上一个模型好.

4.2 报童的诀窍

报童每天清晨从报社购进报纸零售,晚上将没有卖掉的报纸退回.如果报童进的报纸过多销售不出去就会浪费甚至亏本;如果进得报纸太少就会因缺货而造成机会成本也会带来损失.试为报童筹划一下每天购进报纸的数量,以获得最大收入.

第一步,提出问题

设报纸每份的购进价为 b,零售价为 a,退回价为 c,应该自然地假设 $a>b>c$.即报童售出一份报纸赚 $(a-b)$,退回一份赔 $(b-c)$.如果报童每天购进报纸太多,卖不完会赔钱;购进太少,不够卖会少挣钱.我们的问题是:帮助报童筹划一下每天购进报纸的数量,以获得最大收入.

第二步,选择建模方法

我们可以选择随机变量的分布函数和数学期望来建模.

对于随机变量 X,其密度函数为 $f(r)$,它有如下两个基本性质:

(1)$f(r) \geqslant 0$

(2)$\int_{-\infty}^{+\infty} f(r)\mathrm{d}r = 1$. 若 $r \geqslant 0$,相应的有 $\int_{0}^{+\infty} f(r)\mathrm{d}r = 1$

当 $X = r$ 是离散型随机变量时,$f(r)$ 为其概率,X 的数学期望为:

$$E(X) = \sum_{r=-\infty}^{\infty} r \cdot f(r), 若 r \geqslant 0,相应的有 E(\xi) = \sum_{r=0}^{\infty} r \cdot f(r)$$

由可加性知:$E(X) = \sum_{r=0}^{\infty} r \cdot f(r) = \sum_{r=0}^{n} r \cdot f(r) + \sum_{r=n+1}^{\infty} r \cdot f(r)$

当 $X = r$ 是连续型随机变量时,$f(r)$ 为其(概率)密度函数,X 的数学期望为:

$$E(X) = \int_{-\infty}^{+\infty} rf(r)\mathrm{d}r, 若 r \geqslant 0,相应的有 E(X) = \int_{0}^{+\infty} rf(r)\mathrm{d}r$$

由可加性知:$E(X) = \int_{0}^{+\infty} rf(r)\mathrm{d}r = \int_{0}^{n} rf(r)\mathrm{d}r + \int_{n}^{+\infty} rf(r)\mathrm{d}r$

第三步,推导模型的公式

购进量由需求量确定,需求量是随机的.假定报童已通过自己的经验或其他渠道掌握了需求量的随机规律,即在他的销售范围内每天报纸的需求量为 r 份的概率是 $f(r)(r=0,1,2,\cdots)$. 有了 $f(r)$ 和 a,b,c,就可以建立关于购进量的优化模型.

假设每天购进量是 n 份,需求量 r 是随机的,r 可以小于 n、等于 n 或大于 n,所以报童每天的收入也是随机的. 那么,作为优化模型的目标函数,不能取每天的收入,而取长期(月,年)卖报的日平均收入.从概率论大数定律的观点看,这相当于报童每天收入的期望值,简称平均收入.

记报童每天购进 n 份报纸的平均收入为 $G(n)$,如果这天的需求量 $r \leqslant n$,则售出 r 份,退回 $n-r$ 份;如果需求量 $r > n$,则 n 份将全部售出. 需求量为 r 的概率是 $f(r)$,则

$$G(n) = \sum_{r=0}^{n} [(a-b)r - (b-c)(n-r)]f(r) + \sum_{r=n+1}^{\infty} (a-b)nf(r)$$

$$(4-4)$$

问题归结为在 $f(r),a,b,c$ 已知时,求 n 使 $G(n)$ 最大.

第四步,求解模型

通常需求量 r 的取值和购进量 n 都相当大,将 r 视为连续变量便于分析和计算,这时概率 $f(r)$ 转化为概率密度函数 $p(r)$,(4-4) 式变成

$$G(n) = \int_0^n \left[(a-b)r - (b-c)(n-r) \right] p(r) \mathrm{d}r + \int_n^\infty (a-b)np(r)\mathrm{d}r$$

两边求导

$$\frac{\mathrm{d}G}{\mathrm{d}n} = (a-b)np(n) - \int_0^n (b-c)p(r)\mathrm{d}r - (a-b)np(n)$$

$$+ \int_n^\infty (a-b)p(r)\mathrm{d}r$$

$$= -(b-c)\int_0^n p(r)\mathrm{d}r + (a-b)\int_n^\infty p(r)\mathrm{d}r$$

令 $\quad \dfrac{\mathrm{d}G}{\mathrm{d}n} = 0$,得

$$\frac{\int_0^n p(r)\mathrm{d}r}{\int_n^\infty p(r)\mathrm{d}r} = \frac{a-b}{b-c} \tag{4-5}$$

使报童日平均收入达到最大的购进量 n 应满足(4-5)式. 因为 $\displaystyle\int_0^\infty p(r)\mathrm{d}r = 1$,

则 $\displaystyle\int_n^\infty p(r)\mathrm{d}r = 1 - \int_0^n p(r)\mathrm{d}r$,所以(4-5)式又可表示为

$$\int_0^n p(r)\mathrm{d}r = \frac{a-b}{a-c} \tag{4-6}$$

为了弄清上式的几何意义,我们可以合理假设需求量的概率密度 $p(r)$ 是呈正态分布的,画出图形后就容易从(4-6)式确定购进量 n. 在图 4-2 中用 P_1,P_2 分别表示曲线 $p(r)$ 下的两块面积,则(4-6)式可记作

$$\frac{P_1}{P_2} = \frac{a-b}{b-c} \tag{4-7}$$

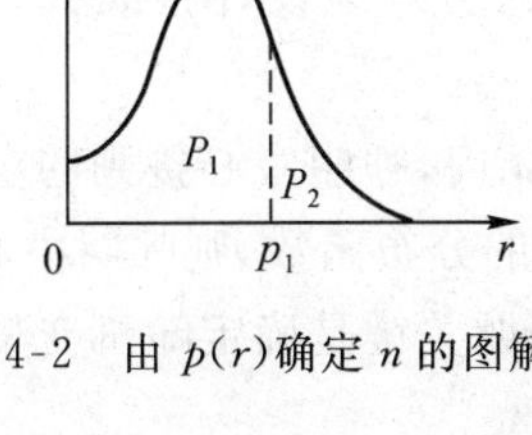

图 4-2 由 $p(r)$ 确定 n 的图解法

因为当购进 n 份报纸时，$P_1 = \int_0^n p(r)\mathrm{d}r$ 是需求量 r 不超过 n 的概率，即卖不完的概率；$P_2 = \int_n^\infty p(r)\mathrm{d}r$ 是需求量 r 超过 n 的概率，即卖完的概率，所以(4-7)式表明，购进的份数 n 应该使卖不完与卖完的概率之比，恰好等于卖出一份赚的钱 $a - b$ 与退回一份赔的钱 $b - c$ 之比.

第五步，回答问题

当报童与报社签订的合同使报童每份赚钱与赔钱之比越大时，报童购进的份数就应该越多.

思考：利用上述模型计算，若每份报纸的购进价为 0.75 元，售出价为 1 元，退回价为 0.6 元，需求量服从均值 500 份、均方差 50 份的正态分布，报童每天应购进多少份报纸才能使平均收入最高，最高收入是多少？

（提示：求得 $n = 517$ 份，平均收入 118.39 元）

4.3　电话接线人员数量设计

携程网(www.ctrip.com)是国内知名的网络服务商，其业务涵盖酒店预订、国内机票预订、国际机票预订、度假预订等. 近年来，携程网以其迅速的发展而受到业界的关注. 在携程网的业务模式中，呼叫中心(call-center)是其核心部门之一. 呼叫中心的职责之一是接听客户的电话、接受客户的电话预约，因此，呼叫中心的有效动作是保证携程网业务模式成功的重要前提. 呼叫中心的有效动作涉及许多问题，其中之一是有效设计电话接线人员的数量.

第一步，提出问题

设计电话接线人员的数量问题涉及两个方面：第一，接线人员不应过多，过多的接线人员意味着人力和财力的浪费；第二，接线人员也不应过少，过少的接线人员可能使客户的要求不能得到及时的满足，从而引起客户满意度的下降. 因此，如何有效、合理地设计接线人员的数量是呼叫中心成功动作的前提.

假设在任一相等时间 Δt 内，呼叫中心接到的电话呼叫次数 X 为一随机变量，如果知道随机变量 X 的分布函数，则呼叫中心合理安排接线员数量的问题即可迎刃而解，因此，问题关键是确定随机变量 X 的分布函数.

第二步,选择建模方法

我们可以选择随机变量的泊松概率分布函数来建模.

随机变量 X 服从泊松分布,其概率函数为

$$P_\lambda(m) = P(X=m) = \frac{\lambda^m}{m!} e^{-\lambda} \quad (m=0,1,\cdots)$$

它有如下性质和公式:

(1) 利用级数 $\sum\limits_{m=0}^{\infty} \frac{\lambda^m}{m!} = e^\lambda$,易知 $\sum\limits_{m=0}^{\infty} P_\lambda(m) = 1$

(2) 数学期望 $E(X) = \sum\limits_{m=0}^{\infty} m \frac{\lambda^m}{m!} e^{-\lambda} = \sum\limits_{m=1}^{\infty} \frac{\lambda\lambda^{m-1}}{(m-1)!} e^{-\lambda} = \lambda$

(3) λ 的点估计 $\lambda = \frac{1}{N} \sum\limits_{i=1}^{N} X_i$

第三步,推导模型的公式

为了确定随机变量 X 的分布函数,携程网呼叫中心对数据进行了统计,即统计出了某季节每 10 分钟内电话的呼入次数 X_i,如表 4-1 所示:

表 4-1 电话的呼入次数 X_i

呼入次数 X_i	频数	呼入次数 X_i	频数
<9	73	14	340
9	282	15	188
10	547	16	91
11	704	17	39
12	682	>17	23
13	527		

在统计学中,确定变量服从何种分布的方法很多,其中最为常用的是直方图方法.因此,我们利用表 4-2 的数据,以呼入频率(呼入频数与总频数的比值)为纵坐标,以呼入次数为横坐标可得如 4-3 直方图.

由图 4-3 的分布规律可以看出,随机变量 X 近似服从泊松(Poisson)分布,即随机变量 X 的概率分布函数为

$$P(X=m) = \frac{\lambda^m}{m!} e^{-\lambda} \tag{4-8}$$

第四步,求解模型

在泊松分布中,最重要的参数是 λ:如果参数 λ 的数值确定,则泊松分布

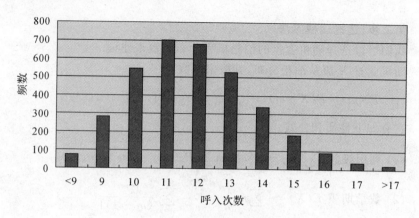

图 4-3 呼入电话频数直方图

的规律就完全确定了.

由概率论的基本知识可知,如果 X 服从泊松分布,则 X 的数学期望 $E(X)=\lambda$,而 λ 可以用

$$\lambda = \frac{1}{N}\sum_{i=1}^{N}X_i \qquad (4-9)$$

进行估计,其中 N 为样本数.

考虑到 $X_i<9$ 及 $X_i>17$ 时的具体取值未知,先剔除这两组数据,即用 $9\leqslant X_i\leqslant 17$ 的统计数据代入(4-9)式进行参数估计,得到

$$\lambda \approx 11.91$$

即在 10 分钟内呼入次数平均为 11.91 次.

下面考虑 $X_i<9$ 及 $X_i>17$ 的数据对参数估计的影响.

$X_i<9$ 的呼入频数为 73 次,若设这 73 次的呼叫次数均为 0 次,那么

$$\lambda_1 \approx 11.66$$

若设这 73 次的呼叫次数均为 8 次,那么

$$\lambda_2 \approx 11.83$$

显然在考虑 $X_i<9$ 的情形下,$\lambda_1 \leqslant \lambda \leqslant \lambda_2$

再看 $X_i>17$ 情形,其呼入频数只有 23 次,从图 4-3 可以看出 X_i 的取值不应太大,不妨设 X_i 的最大取值为 50 次.类似地可以看到,当 23 次呼叫次数均为 18 次时,

$$\lambda_3 \approx 11.95$$

当 23 次呼叫次数均为 50 次时,

$$\lambda_4 \approx 12.16$$

同样地,在 $X_i > 17$ 情形下, $\lambda_3 \leqslant \lambda \leqslant \lambda_4$.

最后,我们同时考虑 $X_i < 9$ 及 $X_i > 17$ 的情形.最少的可能为 73 次呼叫中的呼入次数为 0,23 次呼叫中的呼入次数为 18,此时

$$\lambda_5 \approx 11.70$$

最多的可能为 73 次呼叫中的呼入次数为 8,23 次呼叫中的呼入次数为 50,此时

$$\lambda_6 \approx 12.08$$

因此,10 分钟内电话呼叫次数在 12 次左右,故取 $\lambda \approx 12$,也就是说呼叫中心的电话呼入次数服从参数 12 的泊松分布,即

$$P(X=m) = \frac{12^m}{m!} e^{-12} \tag{4-10}$$

第五步,回答问题

如果携程网呼叫中心设定的服务标准为"呼入的电话保证接通的概率为 95%",则该项服务标准用数学语言可以表示为

$$P(X > n) < 1 - 95\%$$

其中 n 为呼叫中心接线员的数量,其图形如图 4-4 所示.

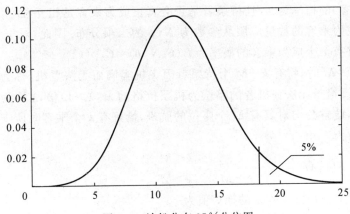

图 4-4 泊松分布 95% 分位图

可以看出, n 为泊松分布的 95% 的分位点,由泊松分布统计表可以查得 n 的取值为 18,也就是说,呼叫中心只要配备 18 个接线员就可以保证呼入电话被接通的概率为 95%.

【思考】 利用上述模型计算,若服务标准定为"呼入的电话保证接通的概率为 99%",则呼叫中心接线员的数量要安排多少?

4.4 机票超订策略

航空公司知道通常总有一部分预订了机票的乘客由于各种原因无法前来搭乘飞机.因此,大多数航空公司都会超订机票,即他们售出的机票会超过飞机的座位数.这样,有的时候也会有一些购买了机票的乘客因飞机额满而无法搭乘该次航班.

航空公司采用多种方法来处理无法搭乘预订航班的乘客:一些乘客不给予任何赔偿,另一些乘客将被安排搭乘后面的其他航班,还有一些会获得现金赔偿或免费机票.

对航空公司来说,需要考虑最优的超订策略,即一次航班销售多少机票,才能使得总的收入达到最大.

第一步,提出问题

假设飞机的乘客数为 M,机票价格为 P,超订策略为最多销售 N 张机票 $(N \geq M)$.

假设预订机票的乘客(称为持票者)真正到达机场想要搭乘该次航班(称为乘客)的概率为 p,且持票者是否会真正成为乘客是相互独立的,于是持票者成为乘客的数量应服从参数为 N,p 的二项分布.因此,对于 N 个持票者恰好有 k 个成为乘客的概率为 $B(k;N,p) = C_N^k p^k (1-p)^{N-k}$.

当 $k > M$ 时,将有 $k-M$ 个持票者因飞机客满而无法登机,称为无法登机者.假设给予无法登机者的赔偿为机票价格的 λ $(\lambda > 1)$ 倍,λ 称为赔偿系数.那么,航空公司对具有 M 个座位的航班,恰好有 k 个乘客时所支付的总的赔偿数为

$$F(k,M) = \begin{cases} 0, & k \leq M \\ \lambda P(k-M), & k > M \end{cases}$$

而航空公司的总收入的期望值为

$$E(N) = \sum_{k=0}^{N} C_N^k p^k (1-p)^{N-k} [NP - F(k,M)]$$

$$= NP - \lambda P \sum_{k=M+1}^{N} C_N^k p^k (1-p)^{N-k} (k-M)$$

于是机票超订策略问题就转化为求销售的机票数 N,使得航空公司的期望收入 $E(N)$ 达到最大.表 4-2 对第一步所得的结果进行了归纳,以便后面参考.

表 4-2　机票超订问题的第一步结果

变　量	假　设	目　标
M—乘客数 N—预订机票张数 P—机票价格 p—持票者成为乘客的概率 $F(k,M)$—恰有 k 个乘客时的总赔偿数 $E(N)$—总收入的期望值	$B(k;N,p)$ $= C_N^k p^k (1-p)^{N-k}$ $F(k,M)$ $= \begin{cases} 0, & k \leqslant M \\ \lambda P(k-M), & k > M \end{cases}$ $E(N)$ $= \sum_{k=0}^{N} C_N^k p^k (1-p)^{N-k}[NP - F(k,M)]$ $= NP - \lambda P \sum_{k=M+1}^{N} C_N^k p^k (1-p)^{N-k}(k-M)$	求 $E(N)$ 的最大值

第二步,选择建模方法

我们可以选择求随机变量的数学期望和中心极限定理来建模.

1. 对于二项分布有:

$$\sum_{k=0}^{N} C_N^k p^k (1-p)^{N-k} = 1$$

数学期望 $EX = Np$,方差 $DX = Np(1-p)$

2. 事件 $\{X < x\}$ 发生的概率 $P\{X < x\} = \varphi\left\{\dfrac{x - EX}{\sqrt{DX}}\right\}$,则事件 $\{X > x\}$ 发生的概率 $P\{X > x\} = 1 - \varphi\left\{\dfrac{x - EX}{\sqrt{DX}}\right\}$.

第三步,推导模型的公式

大多数航班对不同级别的座位采用不同的票价,通常分为头等舱和经济舱.为了简单起见,考虑两个票价系统,设 M_1 为头等舱座位数,M_2 为经济舱座位数.头等舱的票价为 P_1,经济舱的票价为 P_2.超订策略为头等舱销售 N_1 张机票,经济舱销售 N_2 张机票.

假设头等舱的持票者成为乘客的概率为 p_1,经济舱的持票者成为乘客的概率为 p_2.由于头等舱的价格比较昂贵,因此持票者成为乘客的可能性更大,即 $p_1 > p_2$.于是恰好有 i 个头等舱的乘客和 j 个经济舱的乘客的概率分别为 $C_{N_1}^i p_1^i (1-p_1)^{N_1-i}$, $\quad C_{N_2}^j p_2^j (1-p_2)^{N_2-j}$.

设给予头等舱无法登机者的赔偿为 $\lambda_1 P_1$,给予经济舱无法登机者的赔偿为 $\lambda_2 P_2$,则赔偿函数可写为

$$F(i,j,M_1,M_2)=\begin{cases} 0, & i\leqslant M_1,j\leqslant M_2 \\ \lambda_1 P_1(i-M_1), & i>M_1,j\leqslant M_2 \\ \max\{\lambda_2 P_2[(j-M_2)-(M_1-i)],0\}, & i\leqslant M_1,j>M_2 \\ \lambda_1 P_1(i-M_1)+\lambda_2 P_2(j-M_2), & i>M_1,j>M_2 \end{cases}$$

其中第三个式子表示,头等舱还有 M_1-i 个空位,而经济舱已满,有 $j-M_2$ 个乘客无法登机. 此时,航空公司可以将其中的 M_1-i 个乘客"升舱"至头等舱而无需给予赔偿. 如果仍不能为所有乘客安排座位,航空公司就要对剩余的无法登机者予以赔偿. 于是超订策略是求(N_1,N_2),使得期望收入

$$E(N_1,N_2)=\sum_{i=0}^{N_1}\sum_{j=0}^{N_2}C_{N_1}^i C_{N_2}^j p_1^i(1-p_1)^{N_1-i}p_2^j(1-p_2)^{N_2-j}\cdot$$
$$[N_1 P_1+N_2 P_2-F(i,j,M_1,M_2)]$$

达到最大.

第四步,求解模型

对于单票价系统模型,假设某航班的载客数为 $M=150$,票价为 $P=140$,持票者成为乘客的概率为 $p=0.85$,航空公司给予每个无法登机者的赔偿系数为 $\lambda=2$. 图 4-5 是航空公司总的期望收入 $E(N)$ 与超订机票数 N 之间的关系. 容易看到,最佳超订策略为 $N^*=177$.

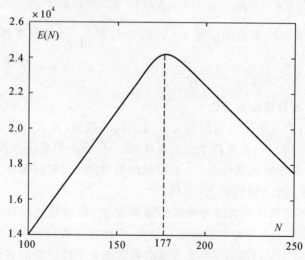

图 4-5 期望收入与超订机票数的关系

为了简化计算,利用中心极限定理,上述二项分布可以近似地用正态分布来代替

$$\frac{M-Np}{\sqrt{Np(1-p)}} \approx \varphi^{-1}\left(\frac{\lambda-1}{\lambda}\right)$$

其中,$\varphi(x)$标准正态分布的分布函数为

$$\varphi(x) = \int_{-\infty}^{x} \frac{1}{\sqrt{2\pi}} e^{-t^2} dt$$

由此可解得

$$\widetilde{N}^* = \left(\frac{-\varphi^{-1}\left(\frac{\lambda-1}{\lambda}\right)\sqrt{p(1-p)} + \sqrt{\varphi^{-1}\left(\frac{\lambda-1}{\lambda}\right)^2 p(1-p) + 4pM}}{2p}\right)^2$$

$$(4\text{-}11)$$

特别地,当 $\lambda=2$ 时,$\widetilde{N}^* = C/p$.

表 4-3 是对不同的 p 和 λ,用枚举计算的结果 N^* 和用近似正态分布公 (4-11)式计算的结果 $\widetilde{N}^*$.可以看出,两者是非常接近的.

表 4-3 用二项分布和近似正态分布计算结果的比较

p	λ	N^*	$\widetilde{N}^*$
0.80	1	189	188
0.85	1	177	176
0.90	1	167	167
0.80	2	186	185
0.85	2	175	174
0.90	2	165	165
0.80	3	184	183
0.85	3	173	173
0.90	3	164	164

图 4-6 是随着 p 的变化,最佳超订机票数的变化情况.从图中可以看出,当 p 越小,有较多的持票者不会来搭乘飞机,所以航空公司可以预售较多的机票.随着 p 的增加,最佳超订机票数 N^* 将会下降.当 $p=1$ 时,所有持票者都将成为乘客,那么 $N=M$,即航空公司不能多出售机票.这些结论都与实际经验相吻合.

对于多票价模型,假设某航班的头等舱座位数为 $M_1=20$,票价 $P_1=280$,经济舱座位数为 $M_2=130$,票价 $P_2=140$.航空公司给予每个无法登机

103

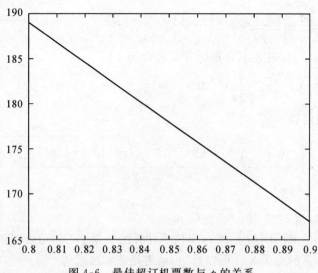

图 4-6　最佳超订机票数与 p 的关系

者的赔偿系数均为 $\lambda_1 = \lambda_2 = 2$，如表 4-4 所示.

表 4-4　多票价系统模型的计算结果

p_1	p_2	N_1^*	N_2^*	$N_1^* + N_2^*$	$N^*\,(p = p_2)$
0.80	0.80	25	165	190	189
0.85	0.80	23	166	189	189
0.90	0.80	22	166	188	189
0.95	0.80	21	170	191	189
0.85	0.85	23	155	178	177
0.90	0.85	22	156	178	177
0.95	0.85	21	160	181	177
0.90	0.90	22	146	168	167
0.95	0.90	21	149	170	167

第五步,回答问题

表 4-4 给出了计算结果,其中 N_1^* 为头等舱的最佳超订机票数,N_2^* 为经济舱的最佳超订机票数,$N_1^* + N_2^*$ 为总的超订机票数,N^* 表示不分票价时的超订机票数(P 取为 P_2).从表 4-4 可以看出,$N_1^* + N_2^*$ 与 N^* 非常接近,因此多票价系统对超订策略来说并不是很重要.

4.5 快餐店里的学问

排队是人们在日常生活中经常遇到的现象,如顾客到商店买东西,病人到医院看病,人们上下汽车,故障机器停机待修等常常都要排队.排队的人或事物统称为顾客,为顾客服务的人或事物叫做服务机构(服务员或服务台等).顾客排队要求服务的过程或现象称为排队系统或服务系统.由于顾客到来的时刻与进行服务的时间一般来说都是随机的,所以服务系统又称随机服务系统.由于排队模型较为复杂,这里仅对其中最简单的模型——$M/M/1$排队模型给予说明.先简单介绍这个模型的有关概念和结论.

$M/M/1$是指这个排队系统中的顾客是按参数为 λ 的泊松分布规律到达系统,服务时间服从参数为 λ 的指数分布,服务机构为单服务台(所谓单窗口).由此我们不加证明地指出其几个重要的指标值如下:

顾客平均到达率为 $\lambda=1/c$,c 为平均到达间隔,平均服务率 $\mu=1/d$,d 为平均服务时间;顾客等待时间 Y 服从参数为 $\mu-\lambda$ 的指数分布,即

$$P(y>t)=e^{-(\mu-\lambda)t}=e^{-(\frac{1}{d}-\frac{1}{c})t}$$

如何吸引更多的顾客以获取更高的利润是每一位快餐店老板最关心的问题.除了增加花色、提高品味、保证营养、降低成本之外,快餐店应在其基本特点"快"字上下工夫.

第一步,提出问题

有人向老板建议,公开向顾客宣布:如果让哪位顾客等待超过一定时间(譬如 3 分钟),那么他可以免费享用所订的饭菜,提建议者认为这必将招揽更多的顾客,由此带来的利润一定大于免费奉送造成的损失.但是老板希望对于利弊有一个定量的分析.告诉他在什么条件下作这种承诺才不会亏本,更进一步,他希望知道应该具体地作几分钟的承诺,利润能增加多少.

模型假设:

(1)顾客平均到达率为 $\lambda=1/c$,c 为平均到达间隔,在未宣布承诺时 $c=c_0$;快餐店平均服务率为 $\mu=1/d$,d 为平均服务时间;$d<c$.

(2)店方承诺等待时间超过 u 的顾客免费享用订餐,u 越小则顾客越多,c 越小,在一定范围内设 c 与 u 成正比,同时又存在 u 的最大值 u_0,当 $u\geqslant u_0$ 时快餐店的承诺对顾客无吸引力,相当于不作承诺,不妨设此时 $c=c_0$.

(3)每位顾客的订餐收费为 p,成本为 q.

第二步,选择建模方法

根据实际情况,不妨考虑顾客进入快餐店后的服务过程是这样的:首先他在订餐处订餐,服务员将订单立即送往厨房,同时收款、开收据,收据上标明订餐的时刻,这个时刻就是这位顾客等待时间的起始时刻.接着,服务在厨房进行,厨房只有一位厨师,按订单到达的顺序配餐,配好一份立即送往取餐处.最后,服务员将饭菜交给顾客,并核对收据,若发现顾客等待时间超过店方的承诺,则将所收款项如数退还.

显然,顾客在快餐店的服务服从 $M/M/1$ 模型.

第三步,建立模型

根据本节对 $M/M/1$ 模型的分析,顾客等待时间(记作随机变量 Y)服从参数 $\mu-\lambda$ 的指数分布,即

$$P(y>t)=\mathrm{e}^{-(\mu-\lambda)t}=\mathrm{e}^{-(\frac{1}{d}-\frac{1}{c})t} \tag{4-12}$$

对于等待时间为 Y 的顾客设店方获得的利润为 $Q(Y)$,则在宣布承诺时间为 u 的情况下有

$$Q(Y)=\begin{cases} p-q, & Y\leqslant u \\ -q, & Y>u \end{cases} \tag{4-13}$$

利润 Q 的期望值为

$$EQ=(p-q)P(Y\leqslant u)-qP(Y>u) \tag{4-14}$$

用(4-12)式代入得

$$EQ=p-q-p\mathrm{e}^{-(\frac{1}{d}-\frac{1}{c})u} \tag{4-15}$$

因为顾客到达的平均间隔为 c,所以单位时间利润的期望值为

$$J(u)=\frac{1}{c}EQ=\frac{1}{c}\left[p-q-p\mathrm{e}^{-(\frac{1}{d}-\frac{1}{c})u}\right] \tag{4-16}$$

建模的目的是确定承诺时间 u 使利润 $J(u)$ 最大.

下面我们根据对于 c 和 u 关系的假设确定函数 $c(u)$.因为可以假定 $c(0)=0$(理解为 $u\rightarrow0$ 时顾客将无穷多),当 $u\geqslant u_0$ 时,$c(u)=c_0$(因为这时相当于不作承诺),所以若假设在 $0\leqslant u\leqslant u_0$ 时 c 与 u 成正比,函数 $c(u)$ 的图形就如图 4-7 所示,并且由于 $d<c$ 的基本要求,必须 $u>\dfrac{du_0}{c_0}$,于是 $c(u)$ 可表示为

$$c(u)=\begin{cases} \dfrac{c_0}{u_0}u, & \dfrac{du_0}{c_0}<u<u_0 \\ c_0, & u\geqslant u_0 \end{cases} \tag{4-17}$$

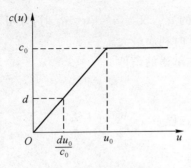

图 4-7　函数 $c(u)$ 的图像

将(4-17)式代入(4-16)式得

$$J(u) = \begin{cases} \dfrac{u_0(p-q)}{c_0 u}\left(1-\alpha e^{-\frac{u}{d}}\right), & \dfrac{du_0}{c_0} < u < u_0 \\[3mm] \dfrac{p-q}{c_0}\left[1 - \dfrac{p}{p-q}e^{-\left(\frac{1}{d}-\frac{1}{c_0}\right)u}\right], & u \geqslant u_0 \end{cases} \tag{4-18}$$

其中　　　$\alpha = \dfrac{p}{p-q}e^{-\frac{u_0}{c_0}}$　　　　　　　　　　　　　　(4-19)

$J(u)$ 中除 u 外均为已知常数,问题化为求 u 使 $J(u)$ 最大.

第四步,模型求解

对于(4-18)式的 $J(u)$ 应按 u 的不同范围分别求解. 当 $\dfrac{du_0}{c_0} < u < u_0$ 时,

用微分法求出 μ 的最优值 u^* 应满足

$$e^{\frac{u^*}{d}} = \alpha\left(1 + \frac{u^*}{d}\right) \tag{4-20}$$

且算出 J 的最大值为

$$J(u^*) = \frac{u_0(p-q)}{c_0(u^*+d)} \tag{4-21}$$

当 $u \geqslant u_0$,显然 $u \to \infty$ 时 $J(\mu)$ 最大,且

$$J(\infty) = \frac{p-q}{c_0} \tag{4-22}$$

比较 $J(u^*)$ 和 $J(\infty)$ 可知,当且仅当 $u^* + d < u_0$ 时 $J(u^*) > J(\infty)$,所以
$J(\mu)$ 最大值问题的解应为

$$u = \begin{cases} u^*, & u^* + d < u_0 \\ \infty, & u^* + d \geqslant u_0 \end{cases} \tag{4-23}$$

其中 u^* 由(4-20)式确定. 这就是说,对于给定的 p、q、c_0、u_0 和 d,以及按

(4-19)、(4-20)式算出的 u^*,仅当 $u^*+d<u_0$ 时,才可承诺服务慢了免费供餐,并且承诺时间为 u^* 时利润最大.

进一步分析可以作承诺的条件

$$\frac{u^*}{d}+1<\frac{u_0}{d} \tag{4-24}$$

根据(4-20)式,如果用方程

$$e^f=\alpha(1+f) \tag{4-25}$$

条件(4-24)可以表示为

$$d<\frac{u_0}{1+f(\alpha)} \tag{4-26}$$

因为(4-23)式中的 α 是 p/q、u_0、c_0 的函数,即

$$\alpha=\frac{pq}{pq-1}e^{\frac{u_0}{c_0}}=\alpha(p/q,u_0,c_0) \tag{4-27}$$

若记

$$d_c=\frac{u_0}{1+f(\alpha)}=d_c(p/q,u_0,c_0) \tag{4-28}$$

则当 p/q、u_0、c_0 给定时快餐店可以作承诺的条件(4-26)式,应该表示为平均服务时间 d 满足 $d<d_c(p/q,u_0,c_0)$ (4-29)

在这个条件下最优承诺时间 u^* 由(4-24)式确定.与不作承诺时的利润 $J(\infty)$ 相比,此时的利润 $J(u^*)$ 为

$$J(u^*)=\frac{u_0}{u^*+d}J(\infty)>J(\infty) \tag{4-30}$$

第五步,回答问题

对于快餐店在"快"字上下工夫的问题,本例应用 $M/M/1$ 模型,通过对承诺时间和顾客多少的关系作了相当简化及一定程度合理性的假设,进行了研究.同时,为能够对问题进行数学模型化,对问题进行了简化即模型假设条件(2)及(4-17)式.但在实际应用中,如果比这个假设再复杂一点,就难以得到容易分析的结果了.当然,这个简化假设可能与实际情况有相当大的距离,致使所得结果不一定能直接应用,因此,本模型所提供的方法在实际应用中,只作为理论借鉴.

4.6 色盲问题

2003 年 6 月,一篇名为《还色盲者驾车的权利》的帖子在网络上广泛传

播.在这篇帖子中,很多红绿色盲人士对现行的《公安部关于机动车驾驶证申领和使用规定》中有关禁止色盲者取得驾照的规定提出质疑.据统计,我国色盲人士约有 6000 万,基本以男性为主.大约在 20 世纪初,有人发现色盲是可以遗传的.色盲虽然不是什么严重疾病,但却也是一种生理缺陷.

第一步,提出问题

色盲既然能遗传给下一代,那么,将来会不会有一天使全世界的人都成为色盲?

英国的数学家哈代(1877—1947)根据大量的临床统计资料得知有如下一些信息:

第一,色盲者中,男性比女性多;

第二,父亲色盲、母亲正常,其子女不色盲;

第三,母亲色盲、父亲正常,其子女中男孩色盲、女孩正常.

因此,他判断:色盲的遗传与性别有关.男女性别的差异,与遗传基因中的性染色体有关.每个人体内有 23 对染色体——性染色体,决定人的性别.男性性染色体是 XY,女性的性染色体是 XX.在遗传给下一代时,母亲赋予 XX,给予子女的总是 X,父亲赋予 XY,随机地选择一 X 或者 Y 给予子女的比例是21：22.若是前者,则是女性,若是后者,则是男性.所以男、女出生比是 22：21.

既然色盲与性别有关,所以色盲一定是性染色体出了毛病.

第二步,选择建模方法

选择代数方法,建立数学模型.

根据哈代的分析,色盲与性别有关,色盲是性染色体出了毛病.那么,究竟是 X 出了毛病,还是 Y 出了毛病呢?

假如病态染色体是 Y,根据遗传学,女性不会是色盲,因为女性染色体中没有.但是女性中有色盲,只是比男性少而已.

那么,为什么男性色盲比女性多呢? 这是因为女性有 2 个 X,其中一个异常、另一个正常,仍然可以维持正常视力;这种女性,我们称之为"次正常".

如此,男性分为两类:正常和色盲;女性分为三类:正常、次正常和色盲.

第三步,推导模型的公式

为方便研究,作如下合理假设:

(1)在两类男子和三类女子之间,夫妇配对的机会是随机的;

(2)异常染色体(记作"X－"),在所有染色体 X 中所占比例为 p,在男、女染色体中保持不变;

（3）父母和子女中男女生比例均为 $1:1$.

男性中正常和色盲两类,分别记以 F、S 表示;女性中正常、次正常和色盲分别记为 Z、C、K 表示.则 F、S 在男性中所占比例分别为 q、$p(p=1-q)$; Z、C、K 在女性中所占比例分别是 q^2、$2pq$、p^2. 因此,男、女色盲合起来占总人口的比例为: $\dfrac{p+p^2}{2}$.

第四步,求解模型

男、女配对有 6 种夫妇类型,在夫妇总数中各占比例如下:

第一类 (F,D)——父、母均正常, q^3;

第二类 (F,C)——父正常、母次正常, $2pq^2$;

第三类 (F,K)——父正常、母色盲, p^2q;

第四类 (S,Z)——父色盲、母正常, pq^2;

第五类 (S,C)——父色盲、母次正常, $2qp^2$;

第六类 (S,K)——父、母均色盲, q^3.

分类计算这 6 种父母的子女中色盲的几率.

第一类夫妇,显然子女不会是色盲.

第二类夫妇 (F,C),子女的染色体有四种情况(见表 4-5):

表 4-5 (F,C)子女的染色体情况

父亲正常 / 母亲次正常	X	Y
X—	(X,X—)次正常女儿	(X—,Y)色盲儿子
X	(X,X)正常女儿	(X,Y)正常儿子

四种情况中有一种是色盲,即这类夫妇的子女中有 $\dfrac{1}{4}$ 是色盲,在下一代人口中所占比例是 $2pq^2\times\dfrac{1}{4}=\dfrac{pq^2}{2}$.

第三类 (F,K)子女染色体有四种情况(见表 4-6):

表 4-6 (F,K)子女染色体情况

父亲正常 / 母亲色盲	X	Y
X—	(X—,X)次正常女儿	(X—,Y)色盲儿子
X—	(X—,X)次正常女儿	$(S_{12}=AB=8,Y)$色盲儿子

四种情况中有两种是色盲,故这类夫妇的子女中有 $\frac{1}{2}$ 是色盲,在下一代人口中所占比例是 $\frac{p^2q}{2}$.

第四类 (S,Z) 子女染色体有四种情况(见表 4-7):

表 4-7　(S,Z)子女染色体有四种情况

父亲色盲 母亲正常	X—	Y
X	(X,X—)次正常女儿	(X,Y)正常儿子
X	(X,X—)次正常女儿	(X,Y)正常儿子

此类夫妇的子女不会是色盲.

第五类 (S,C) 子女染色体也有四种情况(见表 4-8):

表 4-8　(S,C)子女染色体情况

父亲色盲 母亲次正常	X—	Y
X—	(X—,X—)色盲女儿	(X—,Y)色盲儿子
X	(X,X—)次正常女儿	(X,Y)正常儿子

这类夫妇的子女中有一半是色盲,在下一代人口中所占比例是 $2pq^2 \times \frac{1}{2}=qp^2$.

第六类 (S,K) 的子女,显然一定是色盲,其一代人口中占 p^3.

将以上 6 类(实际有色盲只有 4 类)夫妇的子女中色盲的比例相加得:

$$\frac{pq^2}{2}+\frac{qp^2}{2}+qp^2+p^3$$

$$=\frac{pq(p+q)}{2}+p^2(p+q)$$

$$=\frac{pq}{2}+p^2=\frac{p(1-p)}{2}+p^2$$

$$=\frac{p+p^2}{2}$$

此即下一代的人口中,色盲占的比例.我们会惊奇地发现:它与上代人

（即父、母辈）中色盲所占比例完全相同！

第五步，回答问题

由此得出结论：色盲虽然可以遗传给下代，随着总人口的增加，色盲的绝对数可能增加，但是色盲在每代人中的比例不会增大．所以，绝对不会因为色盲遗传而使全人类都变成色盲．

思考与练习4

1.（报童问题）一报童每天从邮局定购一种报纸，沿街叫卖．已知每 100 份报纸报童全部卖出可获利 7 元．如果每天卖不掉，第二天削价可以全部卖出，但这时报童每 100 份报纸要赔 4 元．报童每天售出的报纸数 x 是一随机变量，概率分布如表 4-9 所示．问报童每天订购多少份报纸最佳？

表 4-9　已知数据

售出报纸数 x(百份)	0	1	2	3	4	5
概率 $P(x)$	0.05	0.1	0.25	0.35	0.15	0.1

2.（物质存储策略）一煤炭供应部门煤的进价为 65 元/吨，零售价为 70 元/吨．若当年卖不出去，则第二年削价 20％处理掉，如供应短缺，有关部门每吨罚款 10 元．已知顾客对煤炭年需求量 x 服从均匀分布，分布函数为：

$$F(x)=\begin{cases} 0, & x\leqslant20000 \\ \dfrac{x-20000}{60000}, & 20000<x\leqslant80000 \\ 1, & x>80000 \end{cases}$$

求一年煤炭最优存储策略．

3.一商店拟出售甲商品，已知每单位甲商品成本为 50 元，售价 70 元，如果售不出去，每单位商品将损失 10 元．已知甲商品销售量 k 服从参数 $\lambda=6$（即平均销量为 6 单位）的泊松分布：

$$P(k)=\frac{\lambda^k e^{-\lambda}}{k!}, \quad k=0,1,2,\cdots$$

问该商店订购量应为多少单位，才使平均收益最大？

4.某商店预期商品年销售量为 350 件，且在全年（按 300 天计）内基本均衡．若该商店每组织一次进货需订购费 50 元，存储费每年每件 13.75 元，当供应短缺时，每短缺一件的机会损失为 25 元．已知订货提前期为零，求经济订货批量和最大允许的短缺数量．

5.(广告中的学问)书店要订购一批新书出售,它打算印制详细介绍图书内容的精美广告分发给广大读者以招徕顾客.读者对这种图书的需求量虽然是随机的,但是与书店投入的广告费用有关.根据以往的经验知道,随着广告费的增加潜在的购买量会上升,并有一个上限.所谓潜在顾客,是指那些对于得到这种图书确实有兴趣,但不一定从这家书店购买的人。书店掌握了若干个潜在买主的名单,广告将首先分发给他们。试建立数学模型,要求在对需求量随广告费增加而变化的随机规律作出合理假设的基础上,根据图书的购进价确定广告费和订购量的最优值,使书店的利润(在平均意义下)最大。

6.(手机"套餐"优惠几何)手机现已成为人们日常工作、社交、经营等社会活动中必备的工具之一,近年来通信业务量飞速增长(见 http://mcm. edu. cn/DEFAULTc. HTM).手机资费问题一直是人们关心的热点问题,多少年来资费方案始终没有实质性变化.但是 2007 年 1 月以来上海、北京、广东等地的移动和联通两大运营商都相继推出了"手机单向收费方案"——各种品牌的"套餐",手机"套餐"的花样琳琅满目,让人眼花缭乱.人们不禁要问:手机"套餐"究竟优惠几何?

请参照中国移动公司现行的资费标准和北京的全球通"畅听 99 套餐"、上海的"全球通 68 套餐"方案(http://mcm. edu. cn/DEFAULTc. HTM)建立数学模型分析研究下列问题:

(1) 给出北京、上海各"套餐"方案的资费计算方法,并针对不同(通话量)需求的用户,分析说明各种"套餐"方案适应于什么样的用户?

(2) 提出你们对各种资费方案的评价准则和方法,据此对北京、上海推出的"套餐"方案与现行的资费标准作分析、比较,并给出评价.

(3) 北京移动公司 2007 年 5 月 23 日又推出了所谓的全球通"被叫全免费计划"方案,即月租 50 元,本地被叫免费,其他项目资费均同现行的资费标准,还要求用户至少在网一年.你们又如何评价这个方案?并说明理由.

(4) 如果移动公司聘请你们帮助设计一个全球通手机的资费方案,你们会考虑哪些因素?根据你们的研究结果和北京、上海的实际情况,在较现有"套餐"方案运营商的收入降低不超过 10% 的条件下,用数学建模方法设计一个你们认为合理的"套餐"方案.

第5模块　数据拟合与计算机模拟模型

在数学建模过程中,常常需要确定一个变量依存于另一个或更多的变量的关系,即函数.但实际上确定函数的形式(线性形式、乘法形式、幂指形式或其他形式)时往往没有先验的依据.只能在收集的实际数据的基础上对若干合乎理论的形式进行试验,从中选择一个最能拟合有关数据,即最有可能反映实际问题的函数形式,这就是数据拟合问题.

给定平面上的点 (x_i, y_i), $(i=1,2,\cdots,n)$,进行曲线拟合有多种方法,其中最小二乘法是解决曲线拟合最常用的方法.最小二乘法的原理是:求 $f(x)$,使

$$\delta = \sum_{i=1}^{n} \delta_i^2 = \sum_{i=1}^{n} \left[f(x_i) - y_i \right]^2 \text{ 达到最小.}$$

如图 5-1 所示,其中 δ_i 为点 (x_i, y_i) 与曲线 $y=f(x)$ 的距离.曲线拟合的实际含义是寻求一个函数 $y=f(x)$,使 $y=f(x)$ 在某种准则下与所有数据点最为接近,即曲线拟合得最好.最小二乘准则就是使所有散点到曲线的距离平方和最小.拟合时选用一定的拟合函数 $y=f(x)$ 形式,设拟合函数可由一些简单的"基函数"(例如幂函数,三角函数等等) $\varphi_0(x), \varphi_1(x), \cdots, \varphi_m(x)$ 来线性表示:

$$f(x) = c_0 \varphi_0(x) + c_1 \varphi_1(x) + \cdots + c_m \varphi_m(x)$$

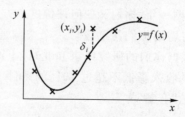

图 5-1　曲线拟合

现在要确定系数 $c_0, c_1, \cdots, c_m$ 使 δ 达到极小.为此,将 $f(x)$ 的表达式代

入 δ 中, δ 就成为 $c_0,c_1,\cdots,c_m$ 的函数,求 δ 的极小,就可令 δ 对 c_i 的偏导数等于零,于是得到 $m+1$ 个方程组,从中求解出 c_i. 通常取基函数为 $1,x_1,x_2,$ $x_3,\cdots,x_m$,这时拟合函数 $f(x)$ 为多项式函数. 当 $m=1$ 时, $f(x)=a+bx$,称为一元线性拟合函数,它是曲线拟合最简单的形式. 除此之外,常用的一元曲线拟合函数还有双曲线 $f(x)=a+b/x$,指数曲线 $f(x)=ae^{bx}$ 等,对于这些曲线,拟合前须作变量代换,转化为线性函数.

已知一组数据,用什么样的曲线拟合最好呢? 可以根据散点图进行直观判断,在此基础上,选择几种曲线分别作拟合,然后比较,观察哪条曲线的最小二乘指标 δ 最小,如图 5-2 所示.

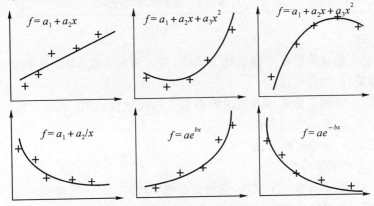

图 5-2　曲线拟合常见的几种方案

5.1　给药问题

一种新药用于临床之前,必须设计给药方案. 药物进入机体后血液输送到全身,在这个过程中不断地被吸收、分布、代谢,最终排出体外,药物在血液中的浓度,即单位体积血液中的药物含量,称为血药浓度.

一室模型:将整个机体看做一个房室,称中心室,室内血药浓度是均匀的. 快速静脉注射后,浓度立即上升,然后迅速下降.

当浓度太低时,达不到预期的治疗效果;当浓度太高,又可能导致药物中毒或副作用太强.

第一步,提出问题

临床上,每种药物有一个最小有效浓度 c_1 和一个最大有效浓度 c_2. 设计给药方案时,要使血药浓度保持在 c_1 与 c_2 之间.

本题设 $c_1=10$,$c_2=25$(微克/毫升).

要设计给药方案,必须知道给药后血药浓度随时间变化的规律. 从实验和理论两方面着手:

在实验方面,$t=0$ 时对某人用快速静脉注射方式一次注入该药物 300 毫克后,在一定时刻 t(小时)采集血药,测得血药浓度 c(微克/毫升)如表 5-1 所示:

表 5-1　血药浓度

t(小时)	0.25	0.5	1	1.5	2	3	4	6	8
c(微克/毫升)	19.21	18.15	15.36	14.10	12.89	9.32	7.45	5.24	3.01

问题:

(1)在快速静脉注射的给药方式下,研究血药浓度(单位体积血液中的药物含量)的变化规律.

(2)给定药物的最小有效浓度和最大治疗浓度,设计给药方案:每次注射剂量多大、间隔时间多长.

第二步,选择建模方法

先进行模型假设:

(1)将机体看做一个房室,室内血药浓度均匀——一室模型;

(2)药物排除速率与血药浓度 c 成正比,比例系数 $k(>0)$;

(3)血液容积 v,$t=0$ 时注射剂量 d,血药浓度即为 d/v.

我们选用微分方程来建立模型.

第三步,推导模型的公式

由假设 2 得:$\dfrac{\mathrm{d}c}{\mathrm{d}t}=-kc \Rightarrow c(t)=\dfrac{d}{v}\mathrm{e}^{-kt}$

由假设 3 得:$c(0)=d/v$

在此,$d=300\mathrm{mg}$,t 及 $c(t)$ 在某些点处的值如表 5-1 所示,需经拟合求出参数 k,v.

$$\left.\begin{array}{l} c(t)=\dfrac{d}{v}\mathrm{e}^{-kt} \Rightarrow \ln c = \ln\left(\dfrac{d}{v}\right)-kt \\[2mm] y=\ln c,\ a_1=-k,\ a_2=\ln\left(\dfrac{d}{v}\right) \end{array}\right\} \Rightarrow \begin{array}{l} y=a_1 t + a_2 \\[2mm] k=-a_1,\ v=d/\mathrm{e}^{a_2} \end{array} \tag{5-1}$$

第四步,求解模型

编写 Matlab 程序如下:

```
d = 300;
t = [0.25 0.5 1 1.5 2 3 4 6 8];
c = [19.21 18.15 15.36 14.10 12.89 9.32 7.45 5.24 3.01];
y = log(c);
a = polyfit(t,y,1)
k = -a(1)
v = d/exp(a(2))
```

计算结果：

```
a =
   -0.2347     2.9943
k =
   0.2347
v =
   15.0219
```

画出血药浓度随时间的变化规律图（见图 5-3）.

```
t1 = [0:0.1:8];
ct = (d/v) * exp(-k * t1);
plot(t,c,'o',t1,ct,'g-')
```

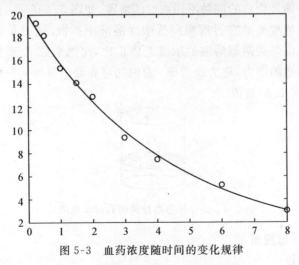

图 5-3　血药浓度随时间的变化规律

设每次注射剂量为 D，间隔时间为 τ

血药浓度 $c(t)$ 应为 $c_1 \leqslant c(t) \leqslant c_2$

初次剂量 D_0 应加大

给药方案记为：$\{D_0, D, \tau\}$

1. $D_0 = vc_2, D = v(c_2 - c_1)$

2. $c_1 = c_2 e^{-k\tau} \Rightarrow \tau = \dfrac{1}{k} \ln \dfrac{c_2}{c_1}$

其中 $c_1 = 10, c_2 = 25, k = 0.2347, v = 15.02$

计算结果：

$D_0 = 375.5, D = 225.3, \tau = 3.9$

给药方案：

$D_0 = 375.5(毫克), D = 225.3(毫克), \tau = 4(小时)$

第五步，回答问题

首次注射 375 毫克，其余每次注射 225 毫克，注射的间隔时间为 4 小时.

5.2 薄膜渗透率的测定模型

某种医用薄膜有允许一种物质的分子穿透它，并从高浓度的溶液向低浓度的溶液扩散的功能，在试制时需测定薄膜被这种分子穿透的能力. 测定方法如下：用面积为 S 的薄膜将容器分成体积分别为 V_A、V_B 的两部分，在两部分中分别注满该物质的两种不同浓度的溶液，如图 5-4 所示. 此时该物质分子就会从高浓度溶液穿过薄膜向低浓度溶液中扩散. 通过单位面积薄膜分子扩散的速度与膜两侧溶液的浓度差成正比，比例系数 K 表征了薄膜被该物质分子穿透的能力，称为渗透率. 定时测量容器中薄膜某一侧的溶液浓度值，以此确定 K 的数值.

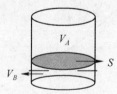

图 5-4 圆柱体容器被薄膜截面 S 阻隔

第一步，问题提出

1. 模型假设

(1)薄膜两侧的溶液始终是均匀的，即在任何时刻膜两侧的每一处溶液的浓度都是相同的.

（2）当两侧浓度不一致时,物质的分子穿透薄膜总是从高浓度溶液向低浓度溶液扩散.

（3）通过单位面积膜分子扩散的速度与膜两侧溶液的浓度差成正比.

（4）薄膜是双向同性的,即物质从膜的任何一侧向另一侧渗透的性能是相同的.

不同的假设应该具有不同形式的数学模型.

2. 符号说明

（1）$C_A(t)$、$C_B(t)$ 表示 t 时刻膜两侧溶液的浓度;

（2）α_A、α_B 表示初始时刻两侧溶液的浓度（单位:毫克/立方厘米）;

（3）K 表示渗透率;

（4）V_A、V_B 表示由薄膜阻隔的容器两侧的体积;

3. 问题

求 K.

第二步,选择建模方法

根据质量守恒定律和微分方程知识建立数学模型.

第三步,推导模型的公式

考察时段 $[t,t+\Delta t]$ 薄膜两侧容器中该物质质量的变化. 以容器 A 侧为例,在该时段物质质量的增加量为: $V_A C_A(t+\Delta t) - V_A C_A(t)$. 另一方面由渗透率的定义我们知道,从 B 侧渗透至 A 侧的该物质的质量为: $SK(C_B - C_A)\Delta t$.

由质量守恒定律,两者应该相等,于是有

$$V_A C_A(t+\Delta t) - V_A C_A(t) = SK(C_B - C_A)\Delta t.$$

两边除以 Δt,令 $\Delta t \to 0$ 并整理得

$$\frac{dC_A}{dt} = \frac{SK}{V_A}(C_B - C_A) \tag{5-2}$$

且注意到整个容器的溶液中含有该物质的质量应该不变,即有下式成立:

$$V_A C_A(t) + V_B C_B(t) = V_A \alpha_A + V_B \alpha_B$$

$$C_A(t) = \alpha_A + \frac{V_B}{V_A}\alpha_B - \frac{V_B}{V_A}C_B(t)$$

$$\frac{dC_B}{dt} + SK\left(\frac{1}{V_A} + \frac{1}{V_B}\right)C_B = SK\left(\frac{\alpha_A}{V_B} + \frac{\alpha_B}{V_A}\right)$$

代入（5-2）式得:

再利用初始条件 $C_B(0) = \alpha_B$,

解出: $C_B(t) = \dfrac{\alpha_A V_A + \alpha_B V_B}{V_A + V_B} + \dfrac{V_A(\alpha_B - \alpha_A)}{V_A + V_B} e^{-SK\left(\frac{1}{V_A} + \frac{1}{V_B}\right)t}$

至此,问题归结为利用 C_B 在时刻 t_j 的测量数据 $C_j (j = 1,2,\cdots,N)$ 来辨识参数 K 和 α_A, α_B,对应的数学模型变为求函数: $E(K, \alpha_A, \alpha_B) = \sum\limits_j [C_B(t_j) - C_j]^2 \Rightarrow \min$

令　 $a = \dfrac{\alpha_A V_A + \alpha_B V_B}{V_A + V_B}, b = \dfrac{V_A(\alpha_B - \alpha_A)}{V_A + V_B}$

问题转化为求函数

$$E(K, \alpha_A, \alpha_B) = \sum_{j=1}^{n} \left[a + b e^{-SK\left(\frac{1}{V_A} + \frac{1}{V_B}\right)t_j} - C_j \right]^2 \tag{5-3}$$

的最小值点 (K, a, b).

第四步,求解模型

例如,设 $V_A = V_B = 1000$ 立方厘米,$S = 10$ 平方厘米,对容器的 B 部分溶液浓度的测试结果如表 5-2 所示.

表 5-2　测试结果

t_j(秒)	100	200	300	400	500	600	700	800	900	1000
$C_j(\times 10^{-5})$	4.54	4.99	5.35	5.65	5.90	6.10	6.26	6.39	6.50	6.59

其中 C_j 的单位为:毫克/立方厘米. 此时极小化的函数为:

$$E(K, a, b) = \sum_{j=1}^{10} \left[a + b e^{-0.02K \cdot t_j} - C_j \right]^2 \tag{5-4}$$

用 Matlab 软件进行计算.

(1)编写 M—文件(curvefun. m)

```
function f = curvefun(x,tdata)
  f = x(1) + x(2) * exp( - 0.02 * x(3) * tdata);
其中 x(1) = a;x(2) = b;x(3) = k;
```

(2)编写程序(test1. m)

```
    tdata = linspace(100,1000,10);
    cdata = 1e - 05. * [454 499 535 565 590 610 626 639 650 659];
    x0 = [0.2,0.05,0.05];
    x = curvefit('curvefun',x0,tdata,cdata)
f = curvefun(x,tdata)
e = f - cdata
plot(tdata,cdata,'o',tdata,f,'r-')          % 见图 5-5
```

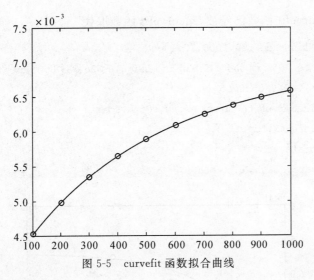

图 5-5　curvefit 函数拟合曲线

(3)输出结果：

```
x =
     0.0070   - 0.0030   0.1012
```

即表示 k＝0.1012，a＝0.007，b＝－0.003

```
f =
Columns 1 through 8
0.0045     0.0050     0.0054     0.0057     0.0059     0.0061
0.0063     0.0064
Columns 9 through 10
0.0065     0.0066
```

误差值为：

```
e =
1.0e - 005  *
Columns 1 through 8
 - 0.0339   - 0.2146     0.3900     0.2857   - 0.2981   - 0.3570   -
0.0707     0.2305
Columns 9 through 10
0.0938   - 0.0339
```

现在 curvefit 函数已经被 lsqcurvefit 函数取代

```
tdata = linspace(100,1000,10);
cdata = 1e - 05. * [454 499 535 565 590 610 626 639 650 659];
   x0 = [0.2,0.05,0.05];
   x = lsqcurvefit('curvefun',x0,tdata,cdata)
f = curvefun(x,tdata)
e = f - cdata
plot(tdata,cdata,'o',tdata,f,'r - ')        % 见图 5-6
```

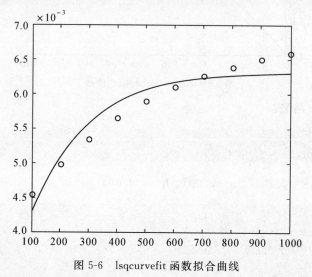

图 5-6 lsqcurvefit 函数拟合曲线

运行结果为:

```
x =
     0.0063   - 0.0034   0.2542
   f =
   Columns 1 through 8
     0.0043    0.0051    0.0056    0.0059    0.0061    0.0062
0.0062    0.0063
   Columns 9 through 10
   0.0063    0.0063
```

```
e =
   1.0e-003 *
   Columns 1 through 8
    -0.2322    0.1243    0.2495    0.2413    0.1668    0.0724
-0.0241  -0.1159
   Columns 9 through 10
    -0.2030  -0.2792
```

（该程序在 Matlab 命令窗口运行）

进一步求得：$\alpha_A=0.004$（毫克/立方厘米），$\alpha_B=0.01$（毫克/立方厘米）

第五步，回答问题

两侧溶液的浓度分别为：0.004 毫克/立方厘米，0.01 毫克/立方厘米，渗透率 $k=0.1012$.

5.3 油气产量和可开采储量的预测问题

油气田开发试验表明，准确预测油气产量和可开采储量，对石油工作者来说，始终是一项既重要又困难的工作. 1995 年，有人通过对国内外一些油气田开发资料的研究，得出结论：油气田的产量与累积产量之比 $r(t)$，与其开发时间 t 存在着半对数关系：

$$\lg r(t)=A-Bt$$

根据某气田 1957—1976 年共 20 个年度的产气量数据，如表 5-3 所示，建立该气田的产量预测模型，并将预测值与实际值进行比较.

表 5-3 1957—1976 年的产气量数据

年份	1957	1958	1959	1960	1961	1962	1963
产量（10^8 立方米）	19	43	59	82	92	113	138
年份	1964	1965	1966	1967	1968	1969	1970
产量（10^8 立方米）	148	151	157	158	155	137	109
年份	1971	1972	1973	1974	1975	1976	
产量（10^8 立方米）	89	79	60	53	92	45	

第一步,提出问题

根据已知往年数据,进行来年气田产量的预测. 由于油气田的产量与累积产量之比与其开发时间存在着半对数关系. 设油气田的累积产量为 N_p, 开采开发时间为 t, 产量增长率为 $r(t)$, 即它随时间 t 变.

问题在于:求出 N_p 与 t, $r(t)$ 的关系.

第二步,选择建模方法

建立微分方程模型,通过取对数法转化为线性模型,再利用线性回归方法求出参数.

第三步,推导模型的公式

我们把指数增长模型用于油气产量的预测,于是得到关系

$$\frac{dN_p}{dt} = r(t) N_p$$

如果开发时间 t 以年为单位,则油气田的年产量为 $Q = \dfrac{dN_p}{dt}$, 方程可以改写成:

$$\frac{Q}{N_p} = r(t)$$

问题的关键是寻找油气田产量的增长率 $r(t)$. 由假设,我们有

$$\lg \frac{Q}{N_p} = A - Bt$$

或改写成

$$\frac{Q}{N_p} = 10^A \cdot 10^{-Bt} = a e^{-bt}$$

其中 $a = 10^A$, $b = \ln 10 \cdot B = 2.303B$.

设油气田的可开采储量为 N_r, 相对应的开发时间为 t_r, 由此,便得到预测油气产量的微分方程

$$\begin{cases} \dfrac{dN_p}{dt} = a e^{-bt} N_p \\ N_p(t_r) = N_r \end{cases}$$

这是一阶线性微分方程,可以用 Matlab 求得解析解为:

$$N_p = N_r \exp\left\{ \frac{a}{b} \left[\exp(-bt_r) - \exp(-bt) \right] \right\}$$

由于 t_r 很大,$e^{-bt_r} \approx 0$, 所以得到预测油气田累积产量的模型为

$$N_p = N_r \exp\left[-\frac{a}{b} \exp(-bt) \right] \tag{5-5}$$

对上式求导，即得油气田年产量的预测模型为：

$$Q(t) = aN_r\exp\left[-\frac{a}{b}\exp(-bt) - bt\right]$$ (5-6)

为确定油气田的可开采储量 N_r，对前一式两边取对数得

$$\lg N_p = \alpha - \beta x$$

式中：

$$\alpha = \lg N_r, \beta = \frac{a}{2.303b}, x = e^{-bt}$$

第四步，求解模型

应用 Matlab 求解：

第一步，根据油气田实际生产数据，利用线性回归方法求得截距 A 和斜率 $-B$，进而计算出 a, b 之值.

```
data = [19 43 59 82 92 113 138 148 151 157 158 155 137 109 89 79 70 60 53 45];
T = [1:20];N(1) = data(1);r(1) = 0;
rof i = 2:20
N(i) = N(i-1) + data(i);
R(i) = log10(data(i)/N(i));
End
N = 1;p = polyfit(t,r,n);
A = p(2);B = -p(1);a = 10^A;b = log(10) * B;c = a/b;
```

上面程序中的 $p = \mathrm{polyfit}(x, y, n)$ 是曲线拟合命令，其中 x 是自变量，y 是因变量，n 是要拟合的阶数，p 是对应阶的系数，由高往低排. 在这里 $n = 1$ 表示线性拟合，因此得到系数 $a = 0.9515, b = 0.1864$ 和 $c = 5.1051$.

第二步，计算出不同时间的 $x = (e^{-bt})$ 和 $\lg N_p$，并进行与自变量 x 的线性回归，求得截距 α 和斜率 β.

```
x = exp(-b * t);z = log10(N(t));
p1 = polyfit(x,z,n);
alpha = p1(2);beta = -p1(1);
```

可求得 $\alpha = 3.3683, \beta = 2.3568$.

第三步，计算出油气田的可采储量 $N_t = 10^\alpha$，可以用命令

```
Nr = 10^alpha;Qa = a * Nr;
```

可求得 $N_r = 2.335\mathrm{e}+003, Q_a = 2.2219\mathrm{e}+003.$ 从而得到油气田的可采储量 $N_r = 2335.2(10^8 m^3)$ 和系数 $aN_r = 2221.9.$

第四步,将 a, b 和 N_r 的值代入(5-5)式和(5-6)式,便可得到预测油气田的累积产量和年产量计算公式.

$$YN(t) = 2235.2\mathrm{e}^{-5.1051\mathrm{e}^{-0.1864t}} \tag{5-7}$$

$$YQ(t) = 2221.9\mathrm{e}^{-5.1051\mathrm{e}^{-0.1864t}-0.1864t} \tag{5-8}$$

式中,$YN(t)$ 是累积产量预测值,$YQ(t)$ 是年产量预测值.

第五步,回答问题. 利用公式,计算相应年份累积产量 N_p 和年产量 Q 预测值(实线),并与实际值(虚线)比较,如图 5-7、5-8 所示,可以看出,预测结果是令人满意的.

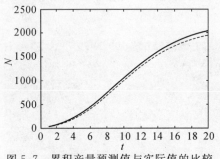
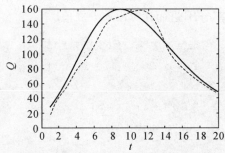

图 5-7 累积产量预测值与实际值的比较   图 5-8 年产量预测值与实际值的比较

可以用命令

```
YN = Nr * exp( - c * exp( - b * t));
YQ = Qa * exp( - c * exp( - b * t) - b * t);
polt(y,YN,'k - ',t,N,'k - .');
figure;plot(t,YQ,'k - ',t,data,'k - .');
```

画出相应的曲线.

5.4 水塔流量的估计

第一步,问题提出

某居民区有一供居民用水的圆柱形水塔,一般可以通过测量其水位来估计水的流量。但面临的问题是,当水塔水位下降到设定的最低水位时,水泵自动启动向水塔供水,到设定的最高水位时停止供水,这段时间无法测量

水塔的水位和水泵的供水量。通常水泵每天供水一两次,每次约 2 小时。

水塔是一个高为 12.2 米,直径 17.4 米的正圆柱。按照设计,水塔水位降至约 8.2 米时,水泵自动启动,水位升到约 10.8 米时水泵停止工作。

表 5-4 是某一天的水位测量记录(符号"//"表示水泵启动),试估计任何时刻(包括水泵正供水时)从水塔流出的水流量,及一天的总用水量。

表 5-4　水位测量记录

时刻(小时)	0	0.92	1.84	2.95	3.87	4.98	5.90	7.01	7.93	8.97
水位(厘米)	968	948	931	913	898	881	869	852	839	822
时刻(小时)	9.98	10.92	10.95	12.03	12.95	13.88	14.98	15.90	16.83	17.93
水位(厘米)	//	//	1082	1050	1021	994	965	941	918	892
时刻(小时)	19.04	19.96	20.84	22.01	22.96	23.88	24.99	25.91		
水位(厘米)	866	843	822	//	//	1059	1035	1018		

第二步,选择建模方法

流量是单位时间流出的水的体积,由于水塔是正圆柱形。截面积是常数,在水泵不工作的时段,流量很容易从水位对时间的变化率算出,问题是如何估计水泵供水时段的流量。

水泵供水时段的流量只能靠供水时段前后的流量拟合得到,作为用于拟合的原始数据,我们希望水泵不工作的时段的流量越精确越好。这些流量大体上可由两种方法计算,一是直接对表 5-4 中的水位用数值微分算出各时段的流量,用它们拟合其他时刻或连续时间的流量;二是先用表中的数据拟合水位——时间函数,求导数即可得到连续时间的流量。一般来说数值微分的精度不高,何况测量记录还是不等距的,数值微分的计算尤为麻烦。因此用第二种方法处理。

有了任何时刻的流量,就不难计算一天的总用水量。其实,水泵不工作时段的用水量可以由测量记录直接得到,如由表 5-4 可知从到 $t=0$ 到 $t=8.97$ 小时水位下降了 $968-822=146$ 厘米,乘以水塔的截面积就是这一时段的用水量。这个数值可以用来检验拟合的结果。我们作以下假设和说明:

(1)流量只取决于水位差,与水位本身无关。按照 Torricelli 定律从小孔流出的流体的流速正比与水面高度的平方根,题目给出水塔的最低和最高水位分别是 8.2 米和 10.8 米(设出口的水位为零),因为 $\sqrt{10.8/8.2}=$

$1.15 \approx 1$,所以可忽略水位对流速的影响。

（2）水泵第 1 次供水时段为 $t=9$ 小时和 $t=11$ 小时，第 2 次供水时段为 $t=20.8$ 小时以和 $t=23$ 小时。这是根据最低和最高水位分别是 8.2 米和 10.8 米，以及表 5-4 的水位测量记录作出的假设，其中前 3 个时刻直接取自实测数据（精确到 0.1 小时），最后 1 个时刻来自每次供水约两小时的已知条件（从记录看，第 2 次供水时段应在有记录的 22.96 小时之后不久结束）。

（3）水泵工作时单位时间的供水量大致是常数，此常数大于单位时间的平均流量。

（4）流量是时间 t 的连续函数。

（5）流量与水泵是否工作无关。

（6）由于水塔截面积是常数 $S=17.4^2 \pi/4=137.8$（平方米），为简便起见。计算中将流量定义为单位时间流出的水的高度 h，即水位对时间变化率的绝对值（水位是下降的），最后给出结果时再乘以 S 即可。

第三步，推导模型的公式

1. 拟合水位——时间函数

从表 5-4 测量记录看，一天有两个供水时段（以下称第 1 供水时段和第 2 供水时段），和 3 个水泵不工作时段（以下称第 1 时段 $t=0$ 到 $t=8.97$，第 2 时段 $t=10.95$ 到 $t=20.84$ 和第 3 时段 $t=23$ 以后），对第 1、2 时段的测量数据直接分别作多项式拟合，得到水位函数。为使拟合曲线比较光滑，多项式次数不要太高，一般为 3～6。由于第 3 时段只有 3 个测量记录，无法对这一时段的水位作出较好的拟合。

2. 确定流量时间函数

对于第 1、2 时段只需将水位函数求导数即可，对于两个供水时段的流量，则用供水时段前后（水泵不工作时段）的流量拟合得到，并且将拟合得到的第 2 供水时段流量外推，将第 3 时段流量包含在第 2 供水时段内。

3. 一天总用水量的估计

总用水量等于两个水泵不工作时段和两个供水时段用水量之和，它们都可以由流量对时间的积分得到。

第四步，求解模型

1. 拟合第 1、2 时段的水位，并导出流量

设 t,h 为已输入的时刻和水位测量记录（水泵启动的 4 个时刻不输入），第 1 时段各时刻的流量可由如下程序代码得到：

```
% 用 3 次多项式拟合第 1 时段水位,c1 输出 3 次多项式的系数
t = [0   0.92   1.84   2.95   3.87   4.98   5.90   7.01   7.93   8.97];
h = [968   948   931   913   898   881   869   852   839   822];
c1 = polyfit(t,h,3)    % 输出水位多项式的系数(3 次)
a1 = polyder(c1)       % 输出多项式(系数为 c1)导数即流量方程的系数(2
次)
tp1 = 0:0.1:9;
% 输出多项式在 tp1 点的函数值(单位时间水位的下降高度,取负后为正
值),即 tp1 时刻的流量
x1 = - polyval(a1,tp1);
```

类似地,可计算第 2 时段各时刻的流量。

2. 拟合供水时段的流量

在第 1 供水时段($t=9$、11)之前(即第 1 时段)和之后(即第 2 时段)各取几点,其流量已经得到,用它们拟合第 1 供水时段的流量。为使流量函数在 $t=9$ 和 $t=11$ 连续,简单地只取 4 个点,拟合 3 次多项式(即曲线必过这 4 个点),实现如下:

```
t3 = [8 9 11 12];       % 取 4 个时段
v3 = [15.4497   16.7380   31.2981   30.4923];% 取各个时段对应的流量
a3 = polyfit(t3,v3,3)       % 拟合 3 次多项式
tp3 = 9:0.1:11;
x3 = polyval(a3,tp3);       % 输出第 1 供水时段各时刻的流量
```

在第 2 供水时段之前取 $t=20$、20.8 两点的流量,在该时刻之后(第 3 时段)仅有 3 个水位记录,我们用差分得到流量,然后用这 4 个数量拟合第 2 供水时段的流量如下:

```
dt25 = 25.91 - 24.99;
dt24 = 24.99 - 23.88;   % 最后 3 个时刻的两两之差
dh25 = 1018 - 1035;
dh24 = 1035 - 1059;       % 最后 3 个水位的两两之差
v25 = - dh25./dt25;
v24 = - dh24./dt24;       % t(24) 和 t(25) 的流量
t4 = [20   20.8   24   25];
v4 = [24.4309   25.8242   v24 v25];
```

```
a4 = polyfit(t4,v4,3);          % 拟合 3 次多项式
tp4 = 21 : 0.1 : 25;
x4 = polyval(a4,tp4);     % 输出第 2 供水时段(外推至 t = 25)各时刻的流
量
```

3. 一天总用水量的估计

第 1、2 时段和第 1、2 供水时段流量的积分之和,就是一天总用水量。虽然诸时段的流量已表示为多项式函数,积分可以解析地算出,这里仍用数值积分计算如下:

```
y1 = 0.1 * trapz(x1);          % 第 1 时段用水量(仍按高度计),0.1 为积分
步长
y2 = 0.1 * trapz(x2);          % 第 2 时段用水量
y3 = 0.1 * trapz(x3);          % 第 1 供水时段用水量
a4 = [0.0656 - 5.0147   124.4285 - 983.0754];
tp4 = 21 : 0.1 : 24;
x4 = polyval(a4,tp4);
y4 = 0.1 * trapz(x4);          % 第 2 供水时段用水量
y = (y1 + y2 + y3 + y4) * 237.8 * 0.01;     % 一天总用水量
```

计算出的各时段的流量可用水位记录的数值微分来检验。用水量 y_1 可用第 1 时段水位测量记录中下降高度 $968 - 822 = 146$(厘米)来检验,类似地,y_2 用 $1082 - 822 = 260$(厘米)检验。

供水时段流量的一种检验方法如下,供水时段的用水量加上水位上升值 260cm 是该时段泵入的水量,除以时段长度得到水泵的功率(单位时间泵入的水量),而两个供水时段水泵的功率应大致相等。第 1、2 时段水泵的功率可计算如下:

```
p1 = (y3 + 260)/2;      % 第 1 供水时段水泵的功率(水量仍以高度计)
a4 = [0.0656   - 5.0147   124.4285   - 983.0754];
tp4 = 21 : 0.1 : 23;      % 取 21 至 23 为第二供水时段
x4 = polyval(a4,tp4);      % 输出第 2 供水时段各时刻的流量
p2 = (0.1 * trapz(x4) + 260)/2;% 第 2 供水时段水泵的功率(水量仍以高
度计)
```

第五步,回答问题

从上面的分析和算法设计过程看,计算结果与各时段所用拟合的多项

式的次数有关,下面给出拟合第 1、2 时段水位函数时,采用不同次数的多项式所得流量以及总用水量的结果。用 $n(n_1, n_2)$ 表示这两个时段拟合水位一时间所用多项式的次数,表 5-5 给出了最后得到的流量拟合方程;图 5-9 和图 5-10 分别是采用不同次数拟合得到的流量曲线,表 5-6 是各时段的用水量、一天总用水量及两个供水时段水泵的功率。

表 5-5　各时段流量拟合方程

第 1 时段流量拟合方程	2 次	$y = 0.2356x^2 - 2.7173x + 22.1079$
	4 次	$y = 0.0120x^4 - 0.2224x^3 + 1.5878x^2 + 5.7108x + 23.8296$
第 2 时段流量拟合方程	3 次	$y = 0.0284x^3 - 1.2173x^2 + 15.9045x - 34.1994$
	5 次	$y = 0.00225x^5 - 0.1914x^4 + 6.4573^3 - 107.7884x^2 + 887.2547x - 2844.6652$
第 1 供水时段流量拟合方程	3 次	$y = -1.1731x^3 + 34.8450x^2 - 336.5065x + 1078.0669$
	5 次	$y = -0.004274x^5 + 0.1290x^4 - 1.2871x^3 + 4.4758x^2$
第 2 供水时段流量拟合方程	3 次	$y = 0.0656x^3 - 5.0147x^2 + 124.4285x - 983.0754$
	5 次	$y = 0.0000194x^5 - 0.00178x^4 + 0.0442x^2 - 0.2673x^2$

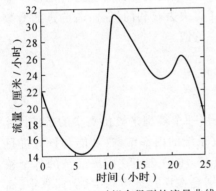
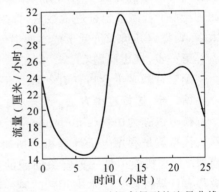

图 5-9　$n = (3,4)$ 时拟合得到的流量曲线　　图 5-10　$n = (5,6)$ 时拟合得到的流量曲线

表 5-6　各时段和一天总用水量及两个供水时段水泵的功率

n_1, n_2	y_1	y_2	y_3	y_4	y	P_1	P_2
(3,4)	146.1815	263.3084	48.5006	73.9739	1264.92	154.2522	155.5161
(5,6)	146.5150	262.7530	45.6214	71.8810	1252.66	153.0659	154.5739

　　由表 5-6 可以看出,第 1 时段用水量与水位测量记录中的下降高度 146 厘米相差无几,第 2 时段用水量与记录中的下降高度 260 厘米相差无几,所

以数据拟合、数值积分的精度是足够的。对不同次数的拟合多项式,第 1、2 供水时段用水量相差稍大,两供水时段水泵的功率也有差别,这都说明供水时段用 3 次曲线通过 4 点的做法不够好,应该多取几点作拟合,但要注意让流量曲线在不同时段相接处保持连续。

由图 5-9 和图 5-10 可以看出,0 点到 10 点钟流量很低,10 点到下午 3 点是用水高峰全天流量平均在 22 厘米/小时左右。若按这个平均流量计算,一天总用水量应为 $22 \times 24 \times 237.8 \times 0.01 = 1255.6 \times 10^3$(升),与表 5-4 的结果很接近。

5.5 糖果店进货策略模型

某糖果店主要销售糖果和巧克力,在情人节这样特定的节日,该店必须提前几周向供应商订购专门包装的糖果。某种巧克力产品,每盒的购入价是 7.50 元,售出价是 12.00 元。在 2 月 14 日前未售出的按 50% 打折,且总是容易售出。在过去,这个糖果店每年售出的总盒数介于 40 盒到 90 盒之间,没有明显的增加或减少的趋势。糖果店两难的问题是需要确定订购多少盒此种产品。若需求超过进货数量,糖果店将失去获利的机会;若购进的盒数太多,则将因其折扣价低于成本而损失一笔钱。

第一步,提出问题

确定订购多少盒巧克力产品。

第二步,选择建模方法

模拟也称为仿真(simulation),就是用一个模型来模仿真实的系统。计算机模拟就是利用电子计算机对所研究系统的内部结构、功能和行为进行模拟。计算机模拟是一种解决问题的强有力的工具。在国民经济的各个领域都有计算机模拟技术的用武之地,特别是在那些环境恶劣(例如真空、高温高压、有毒有害的场所等)、实验条件苛刻、实验仪器精度不够、实验周期太长、花费财力太大的场合,使用计算机模拟技术解决问题有其独特的优点。由于半导体和数字计算机技术的飞速发展,计算机的计算速度快、存储容量大,使得以前很难解决或当时根本不可能解决的一些难题,今天几乎都能得到解决,或被纳入科研工作计划之中。

计算机模拟,概括地说包括"建模—实验—分析"三个基本部分,即模拟不是单纯的对模型的实验,而且包括从建模到实验再到分析的全过程。因此进行一次完整的计算机模拟应包括以下步骤:

(1)明确模拟系统. 即明确模拟系统的哪一部分,模拟系统什么样的行为,系统所处的环境条件,并根据模拟的目的确定所研究系统的规模、边界及约束条件,系统的变量特征与数量,以及以什么样的精度来模拟.

(2)建立数学模型(画出流程图). 建立什么样的数学模型与研究的目的有密切的关系. 如果仅仅要求了解系统的输入/输出行为,则要设法建立一个描述系统该行为的黑箱模型;如果不仅要了解系统的输入/输出行为,还要了解系统的内部的活动规律,就要设法建立一个描述系统输入集合、状态集合及输出集合之间的模型,称为系统内部状态模型.

(3)模型变换. 即把数学模型转换成计算机可以接受的形式,称为模拟模型.

(4)设计模拟程序. 利用数学公式、逻辑公式或算法等来表示实际系统的内部状态和输入/输出的关系.

(5)模型装载. 把模型装入计算机.

(6)模型实验. 模型装入计算机后,便可利用计算机对模型进行各种规定的实验,并测定其输出.

(7)模型检验. 利用理论定性分析、经验定性分析或系统历史数据定量分析来检验模型的正确性,利用灵敏度分析等手段来检验模型的稳定性.

(8)实验结果的评价和分析. 首先要确定评价标准,然后反复进行模拟,对各次模拟的数据进行分析、整理,从代替方案中选出最优系统或找出系统运用的最优值,列出模拟报告并输出.

计算机模拟的步骤及各步骤之间的关系如图 5-11 所示.

第三步,推导模型的公式

若进货数量是 Q,销售需求是 D,我们容易建立利润的表达式:

$$利润=\begin{cases} 12D-7.50Q+6(Q-D), & D\leqslant Q \qquad (a) \\ 12Q-7.50Q, & D>Q \qquad\qquad (b) \end{cases} \qquad (5-9)$$

在第一种情形,即需求小于订购量时,从售出的 D 盒得到全价收入,必须为购买的 Q 盒付款,而从剩余部分得到半价收入. 在第二种情形,即需求超过订购量时,商店仅能售出 Q 盒,每盒挣得净利润 12.00 元 $-$ 7.50 元 $=$ 4.50 元.

这种情况下模拟模型的输入量是:

(1)订购量 Q(决策变量);

(2)变动收益和成本因素(常数);

(3)需求 D(不可控和随机的).

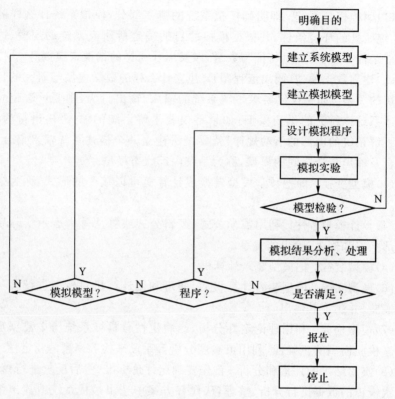

图 5-11　模拟程序

我们所要的模型输出量是净利润. 假如知道需求量, 我们可以利用方程 (5-9) 来计算利润. 由于需求是随机的, 我们必须从需求的概率分布中"抽出"一个值. 我们假定需求将以相同的概率 (1/6) 取 40、50、60、70、80 或 90, 以使这个问题简单化. 这样我们就能通过掷一枚骰子来生成样本. 表5-7表示骰子掷出值与每个需求结果间的联系.

表 5-7　骰子掷出值与每个需要结果间的联系

骰子点数	需求量	骰子点数	需求量
1	40	4	70
2	50	5	80
3	60	6	90

我们对订购量 $Q=60$ 进行蒙特卡洛模拟. 模拟过程如下:

(1) 掷骰子;

(2)根据表 5-7 求销售量 D;

(3)利用 $Q=60$,根据方程(5-9a)或(5-9b)来计算利润;

(4)记录利润.

例如,假定第一次掷骰子得 4. 这对应需求量 70,由于 $D=70>Q=60$,我们利用方程(5-9)计算利润:

利润 $=12\times60-7.50\times60=270$ 元

通过重复模拟,我们可以建立利润的分布并评估风险. 表 5-8 汇总了重复这种试验 10 次的结果. 根据此表,利用 $Q=60$,可以预期的平均利润是 246. 我们也可以构造一个利润的频数分布. 这样我们又看到,利润为 150 元的机会是 10%,为 210 元的机会是 20%,为 270 的机会是 70%. 这个利润频数分布提供了对 60 盒订购量决策所涉风险的评估.

表 5-8 重复试验 10 次的结果

重复	骰子点数	需求量	利润(单位:元)
1	5	80	270
2	3	60	270
3	2	50	210
4	4	70	270
5	1	40	150
6	3	60	270
7	5	80	270
8	6	90	270
9	2	50	210
10	3	60	270

平均值 246 元

可以看到,假如我们再重复模拟,不难预料将掷出不同的骰子点数,从而可能获得不同的利润平均值和频数分布. 这对洞悉模拟的本质——正是抽样试验本身带有不确定性——是重要的. 因此,我们必须设法将模拟结果中的不确定性数量化.

我们还可以看到,10 次重复将只给出有限各结果. 对于大的重复次数,我们可预计骰子的每个值大致会有相同的掷出次数. 在本次小试验中,我们掷出 2、3 和 5 的次数是掷出 1、4 和 6 的次数的两倍. 因此,可以预料我们关于平均利润和风险的结论是有点偏差的,且我们得到的频数分布并不代表真实的利润分布. 我们将这种模拟重复 100 次,得到如表 5-9 所示的频数分布:

135

表 5-9　频数分布

利　润	频　数
150	20
210	22
270	58

第四步,求解模型

这个例子说明了蒙特卡洛模拟的本质:从概率分布中重复抽样以建立输出变量的分布.

用 Matlab 编写程序如下:

```
Q = [40 50 60 70 80 90];M = 0;N = 0;aveN = [];
maxN = [0,0,0,0,0];minN = [0,0,0,0,0];
for j = 1 : 6
for i = 1 : 100
    D = ceil(rand(1) * 7) * 10 + 30;
    if D< = Q(j)
        M(i) = 12 * D - 7.5 * Q(j) + 6 * (Q(j) - D);
    else
        M(i) = 12 * Q(j) - 7.5 * Q(j);
    end
    N = N + M(i);
end
maxN(j) = max(M);
minN(j) = min(M);
aveN(j) = N/100;
N = 0;
end
maxN,minN,aveN
for x = 1 : 6
plot(x,aveN(x),'ko')
plot(x,minN(x),'k + ')
plot(x,maxN(x),'k * ')
hold on
end
```

平均利润是 232.80 元. 这个平均值可能比我们仅利用 10 次重复得到的结果更接近真实的期望值. 因而,为了用蒙特卡罗模拟得出有效的结果,我们必须重复足够多的次数.

第五步,回答问题

最后表 5-9 的结果只是描述性的,那些结果并不告诉我们订购量 $Q=60$ 是否最优. 为了找出最优决策,我们必须用不同的订购量进行试验,利用计算机软件,我们对 40、50、60、70、80 和 90 这些订购量重复模拟 100 次,其汇总结果如图 5-12 所示. 我们看到,使平均利润最大的订购量是 $Q=80$,产生了 251.40 元的平均利润. 虽然最优订购量容易通过分析来确定,但是模拟提供了分析模型所不能提供的洞察力. 从图中我们还看到,随着订购量的增加,利润的标准差也随之增大. 这表明,高订购量在提供现实更高利润的较大机会的同时,也增加了获取低得多的利润的风险. 例如, $Q=80$ 的订购量可以产生高如 360 元或低如 120 元的利润. 假如糖果店要求利润有一个能够弥补其他费用的确定量值,则订购 80 盒而仅获得 120 元利润的风险似乎不那么令人喜欢. 模拟同时有助于对这类风险给出评估.

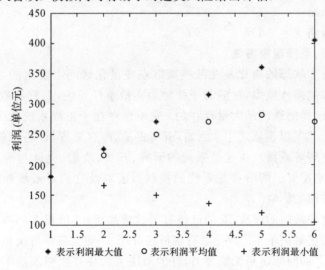

图 5-12 不同订购量重复模拟 100 次的结果

5.6 简单库存问题模型

商业部门为了合理地利用有限的流动资金,大多不愿过多地库存货物,以免资金积压. 例如某一零售商店经理要保持某项商品的库存与销售之间的平衡,如果库存量不满足某一时段的顾客需求,则要去生产厂家订货,这可以采用一个简单的策略. 当库存量(此处指布匹)降到 P 匹布时(称为订货点),就向生产厂订货,订货量为 Q 匹布(称为订货量),如果任何一天的需求量超过库存量,则商店遭受损失(包括销售损失和信誉损失). 但是如果库存量过多,将会使管理费用增加及资金积压,造成经济损失,所以如何选择一个合适的库存策略,使其所花费的资金最少,这就是库存系统中要解决的主要问题.

第一步,提出问题

现假定有 5 种库存策略,要求选择一种方案使其满足所花费资金最少的要求.

策略	P	Q
策略 1	125	150
策略 2	125	250
策略 3	150	250
策略 4	175	250
策略 5	175	300

第二步,选择建模方法

若系统中状态的变化是在某些离散点或量化区间上发生的,这样的模型称之为离散事件模型,对应的系统称为离散事件系统,简称离散系统. 客观事实中,这样的系统是大量存在的. 它不仅存在于工程系统之中,而且还大量出现于非工程领域之中. 例如,市场贸易、库存管理、设备维修、人口控制和交通管理等系统. 在这类系统的研究、开放、改造、设计与规划等工作中,人们经常需要了解哪些是系统的控制因素以及它们对系统稳定性和发展进程等方面的影响.

上述这些问题的解决,有的已经有了数学解析法,但很多问题目前用一般数学方法还解决不了. 即使是有解析法可用,一般也只能解决极为简单的问题,对复杂的问题还是无能为力,好的解决方法往往需要求助于数值方法求解. 计算机模拟技术一方面能够更快地求得数值解,另一方面还有一些独特的办法来模仿系统的行为特征,因而适用于解决复杂的离散系统问题. 以下是一个离散系统问题举例.

已知条件为:

(1)从工厂发出订货到收到货物需隔 3 天,即设第 i 天订货,在第 $i+3$

天收到货物.

（2）每匹布的保管费用为 0.75 元,缺货损失为 1.80 元/匹,订货费（包括手续费,采购差旅费及其他费用）为 750 元.

（3）需求量为一个 0～99 之间的均匀分布随机数.

（4）原始库存为 115 匹布,并假设第一天工厂没有发出订货.

第三步,建立模型

我们以每一种策略各模拟 6 个月(180 天)来进行比较,选出费用最省的最佳库存订货方案.

模拟从第一天开始,然后一天一天地模拟,使用循环算法直到模拟 180 天为止. 模拟流程如图 5-13 所示.

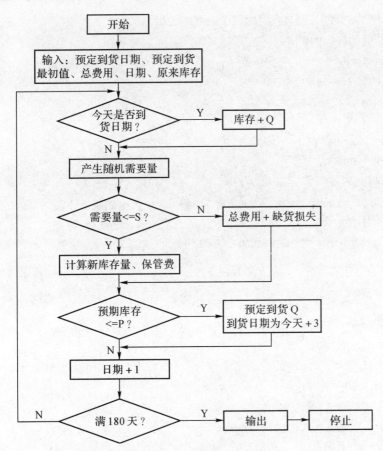

图 5-13　流程模拟

第四步,求解模型

先给出程序中各变量说明:

S:库存量;

ES:预期库存量(为库存量与预定到货量的总和);

DEM:需求量;

TC:总费用;

P:重新订货点;

Q:重新订货量;

I:日期.

用 Matlab 编写程序如下:

```
P = [125,125,150,175,175];Q = [150,250,250,250,300];
TC = [0,0,0,0,0];
for M = 1 : 5
S = 115;I = 1;UD = 0;DD = 0;
while (I< = 180)
    if DD == I
        S = S + Q(M);
        UD = 0;
    end
    DEM = round(rand(1) * 99);              %产生随机需求量
    if DEM>S                                %判断是否缺货
        TC(M) = TC(M) + (DEM - S) * 1.80;
    else
        S = S - DEM;
        TC(M) = TC(M) + S * 0.75;
    end
    ES = S + UD;
    if ES< = P(M)                           %判断是否需要订购
        UD = Q(M);
        DD = I + 3;
        TC(M) = TC(M) + 750;
    end
    I = I + 1;
```

```
        end
        end
        TC
```

第五步,回答问题

经模拟后可知,当 $P=125, Q=250$ 时总费用最省.

5.7　倒煤台的操作方案

某煤矿公司有一个大型倒煤台,用于向运煤列车装煤. 该倒煤台的容量是 1.5 列标准列车. 装满一个空的倒煤台需要一个小组 6 个小时的时间,费用是 9000 元/小时. 为提高装煤速度可以以 12000 元/小时的代价动用第二小组. 铁道部门每天向这个倒煤台发送三列空的标准列车. 这些列车可在上午 5 点到下午 8 点之间的任何时刻到达. 给一列标准列车装满煤要 3 小时,向倒煤台装煤和从倒煤台向列车装煤不能同时进行. 如果列车到达后因等待装煤而停滞,铁道部门将征收每车 15000 元/小时的滞期费. 此外,每星期四上午 11 点到下午 1 点之间还有一列大容量列车到达,其容量为标准列车的 2 倍,滞期费为 25000/小时.

第一步,提出问题

(1)按什么规则操作可使装煤费用最低? 费用为多少?

(2)如果标准列车能在指定的时间到达,什么样的调度安排最经济?

第二步,选择建模方法

这个问题中列车的到达时间是随机因素,适合于建立概率模型,用计算机模拟加以解决.

首先,模型需要考虑的费用由两部分组成. 一部分是装煤小组向倒煤台装煤的费用,记为 C_L,另一部分是列车等待装煤的滞期费 C_D. 因每天要装的煤数量是固定的,C_L 的大小只受是否使用第二小组影响. 通过使用第二小组,有可能减少 C_D. 模型的主要任务是将总费用 C 降到最低. 故 $C=C_L+C_D$ 是模型的目标函数.

其次,由于理论上的困难,很难得到最优方案. 考虑到这是一个每天重复发生的问题,重要的是提供一组简单明确的规划,使煤矿公司可以根据规则方便地获得接近最优解. 因此,我们将在方案的优化程度和简明性之间作一个折中.

第三步,推导模型的公式

设:r_A 为装满列车 A 所需的煤量;Q 为倒煤台中剩余的煤量;$t \in [0,24]$ 表示当前时间.其中 r_A 和 Q 均以 1 小时向列车装的煤量为单位.

根据题意写出下面一些应该遵循的规则:

(1)有列车等待时,用两个小组装煤节省的滞期费大于增加的装煤费用,此时应该使用第二小组.

(2)当同时有两列或三列标准列车等待装煤时,应将已装煤量最多的车排在前面先装,已装煤量最少的排在最后面. 可以证明,这样安排滞期费最少.

(3)当同时有大容量车 A 和标准车 B 等待时,先装 A 后装 B 的滞期费为

$$C_{D1} = 25000 \max\left\{\frac{2}{3}(r_A - Q), 0\right\} + 15000\left[r_A + \max\left\{\frac{2}{3}(r_A + r_B - Q), 0\right\}\right]$$

(5-10)

先装 B 时的滞期费为

$$C_{D2} = 15000 \max\left\{\frac{2}{3}(r_A - Q), 0\right\} + 25000\left[r_B + \max\left\{\frac{2}{3}(r_A + r_B - Q), 0\right\}\right]$$

(5-11)

当 $C_{D1} \leqslant C_{D2}$ 时,先装 A,否则先装 B.

(4)设当前待装的车为 A,则用两个小组装倒煤台直到 $Q \geqslant r_A$ 或 $Q = 4.5$ 为止,然后装列车.

(5)周四时,装标准列车和大容量列车共需 15 小时. 即便倒煤台在周四上午 5 点以前就提前装满,当天用两个小组装倒煤台仍需 1 小时,合计 22 小时,故最快也要到周五早上 3 点才能完成周四的任务,且此时倒煤台为空. 为保证周五正常工作,应马上开始装倒煤台. 由以上分析知,周四时间最紧张,就始终用两个小组.

(6)非周四,在时刻 t 无列车等待.设已知下一列车到达的时间为 $t + \Delta t$. 若 $\frac{3}{4}\Delta t \geqslant 3 - Q$,则时间充足,可以用一个小组装倒煤台至满等下一列车来.否则用两个小组.

(7)非周四,不知道列车的到达时间. 设在时刻 t 倒煤台中尚有煤量 Q,没有列车等待,当天还有 i 列标准车未到达. 假设列车到达时间服从独立的均匀分布,则存在 $t_i(Q) \in [5,20]$,当 $t < t_i(Q)$ 时用一个组装煤即可,否则要用两个组.

第四步,模型求解

$t_i(Q)$ 的选择应满足使总费用最小的原则. 因其解析解难以求出,故采用计算机模拟的方法. 首先任意选取一个 Q 值($Q \in [0, 4.5]$),注意到 $5 \leqslant t_3(Q) \leqslant t_2(Q) \leqslant t_1(Q) \leqslant 20$,在上述约束条件下以一定步长(如 0.1)取 $t_i(Q)$ ($i=1,2,3$)的各种组合,分别用计算机模拟求出平均费用,找出使平均费用最小的一组 $t_1(Q)$、$t_2(Q)$ 和 $t_3(Q)$ 值,作为在该给定 Q 下的函数值. 选取一系列不同的 Q 的值重复以上过程,就得到函数 $t_i(Q)$ 的各点上的值.

在以上规则指导下,我们用时间切片法进行模拟,流程图如图 5-14 所示.

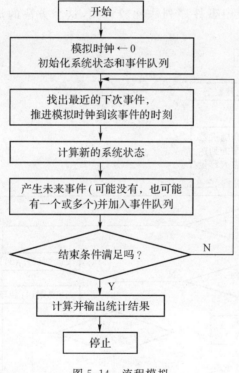

图 5-14　流程模拟

模拟的结果如下:年滞期费 3570000 元,年度总费用 90899000.

第五步,回答问题

当标准列车的到达时刻可以确定时,分三种情况考虑(记 t_A, t_B, t_C 为三列标准车的到达时间,且 $t_A \leqslant t_B \leqslant t_C$).

(1)非周四、周五,可以推出,滞期费为 0,且不使用第二小组,当且仅当

$$\begin{cases} 5 \leqslant t_A \leqslant t_B - 5 \\ t_B + 7 - \min\{t_B - t_A - 5, 2\} \leqslant t_C \leqslant 20 \end{cases} \tag{5-12}$$

成立. 不等式组(5-12)的解不唯一, 任取一组即可, 如取 $t_A = 5, t_B = 10, t_C = 17$.

(2)周四, 标准列车到达时刻应尽量和大容量列车错开, 故取 $t_A = 5, t_C = 20$. 在此前提下用模拟的方法确定 t_B, 使得 $t_B = 20$ 时费用最少.

(3)周五, 因周四工作量大, 将积压到周五(周四的最后一列车最快能在周五早上 4 点装完, 最慢要拖到 6 点). 为减少等待, 发车时间尽量要靠后, 故取 $t_A = 8, t_B = 15, t_C = 20$.

在计算机模拟中事件序列法比较常用, 这个方法的流程图可以用图 5-15来说明.

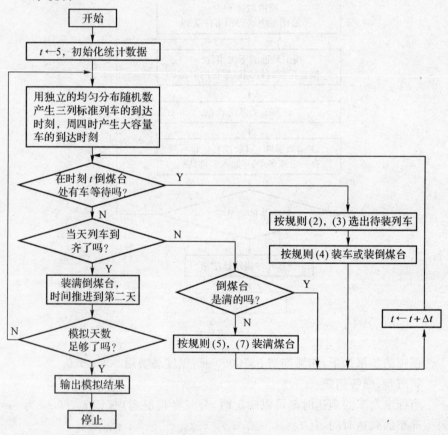

图 5-15　事件序列法

5.8　乒乓球团体赛对策问题

2010年5月23日—5月30日，世界乒乓球男子团体锦标赛在莫斯科举行，中国队和德国队是本届比赛中夺冠的最大热门．德国队认为他们是历史上实力最强、打法配备最全的阵容，他们的目标直指中国．

第一步，提出问题

为充分体现奥林匹克公平竞争的精神，中国男子乒乓球队历史性引入竞争机制．经过"直通莫斯科"内部激烈竞争，王皓、马琳、张继科、许昕和马龙成为中国代表团卫冕冠军的成员．根据世界乒乓球团体赛的规则：每队出三名选手，分别为第一单打、第二单打、第三单打，赛制是五场三胜制，哪队最先获胜三场，即获得胜利．此次德国队的参赛队员是波尔、奥恰洛夫、苏斯、斯特格和鲍姆．请确定中国队三名并安排他们的出场顺序，使中国队的胜率最大的策略．

搜集资料得到中国运动员对德国运动员近三年重大比赛中的胜率如表5-10所示（数据通过双方交锋胜负关系得到，即胜利的场数占总交锋场数的比例，作为演示算法使用）：

表5-10　运动员胜率数据

中国＼德国	波尔	奥恰洛夫	苏斯	斯特格	鲍姆
马琳	72%	67%	50%	65%	70%
王皓	64%	75%	40%	40%	60%
张继科	40%	65%	70%	80%	90%
马龙	55%	70%	40%	40%	80%
许昕	57%	68%	55%	75%	70%

根据世界乒乓球男子团体赛竞赛规则，对抗竞赛的两个队分为主队和客队．主队的出场顺序为1、2、3、1、2，客队的出场顺序为2、1、3、1、2．双方的第一单打将在第四场相遇．因为对双方而言主客场获胜的机会是均等的，为研究方便，不妨假设：

中国为客队，根据竞赛规则，当参赛队员的单打位置一经确定，出场顺序也已确定．

第二步,选择建模方法

由概率定义可知,某事件的概率可以用大量试验中该事件发生的频率来估算,当样本容量足够大时,可以认为该事件的发生频率即为其概率.因此,可以先对影响其中国队取胜的随机变量进行大量的随机抽样,然后把这些抽样值一组一组地代入功能函数式,确定结构是否失效,最后从中求得结构的失效概率.蒙特卡罗法正是基于此思路进行分析的,选择蒙特卡罗法解决此命题.

第三步,推导模型的公式

根据前面的假设,不妨分以下两种情况建立模型并确定出场队员的策略.情形一,双方参赛的队员都已确定,中国队出场的队员为马琳、马龙、张继科,其中马琳为第一单打、马龙为第二单打、张继科为第三单打,则作为客队的中国队出场的顺序为:马龙、马琳、张继科、马琳、马龙.作为主队德国队出场名单为波尔、奥恰洛夫、苏斯,其中波尔为第一单打、奥恰洛夫为第二单打、苏斯为第三单打,则作为主队的德国队出场的顺序为:波尔、奥恰洛夫、苏斯、波尔、奥恰洛夫.情形二,德国队的参赛队员已知,仍为波尔、奥恰洛夫、苏斯,中国队的参赛队员没有确定.

模型 1　双方参赛的队员都已确定

设中国队五场比赛获胜的概率分别为:I_1、I_2、I_3、I_4、I_5,中国队获胜有以下十种情况:111, 1101, 1011, 0111, 00111, 10011, 11001, 01011, 01101, 10101,1 代表胜利,0 代表失利.中国队获胜概率 I 即为这十种情况的概率之和.

$$I = I_1 I_2 I_3 + I_1 I_2 (1-I_3) I_4 + I_1 (1-I_2) I_3 I_4 + (1-I_1) I_2 I_3 I_4$$
$$+ (1-I_1)(1-I_2) I_3 I_4 I_5 + I_1 (1-I_2)(1-I_3) I_4 I_5 + I_1 I_2 (I_1 - I_3)(1-I_4) I_5 + (1-I_1) I_2 (1-I_3) I_4 I_5 + (1-I_1) I_2 I_3 (1-I_4) I_5 + I_1 (1-I_2) I_3 (1-I_4) I_5$$

计算结果得 $I = 0.7943$.

模型 2　德国队参赛队员确定,中国队的参赛队员没有确定

设德国队参赛名单以及出场顺序已经确定,同情形一,中国队参赛名单及队员单打身份没有确定,因此中国队有 P_5^3 种策略,在这 60 种策略中选择最优对策,使中国队的胜率最大.

利用蒙特卡洛方法来模拟乒乓团体比赛的结果,通过多次模拟我们获得每种出场策略的胜率,从其中选出胜率最大的出场对策,模拟得到的胜率与实际胜率的符合度将随着模拟次数的增加而提高,本例使用 Matlab 语言

进行模拟.

第四步,求解模型

1.得到每场比赛中国队员的胜率

建立 5 行 5 列的胜率矩阵 getValue,该矩阵中的数据为中国运动员对德国运动员近三年重大比赛中的胜率,胜率数据的来源如表 5-10 所示,方便起见,下文所指的胜率都为胜率 100 倍的整数部分.

2.根据胜率随机产生单场比赛的胜负结果

```
function n = suiji(value)
yourandom = round(rand * 99);      % 产生区间[0,99]上均匀分布的随机
整数
if yourandom < value               % 如果随机产生的数小于胜率
    n = 1;                          % 返回1,1 代表胜利
else
    n = 0;                          % 其他返回0,0 代表失利
end
```

产生[0,99]区间上均匀分布的随机数.则产生随机数<胜率 value 的概率为 value%,因此如果随机数<胜率 value,则返回 1,其他则返回 0,1 代表中国运动员该场获胜,0 代表中国运动员该场失利,因此获得胜利的概率为 value%,随机胜率符合实际要求.

3.得到比赛的总结果(模拟 1000 次)

团体赛最多共进行 5 场比赛,谁先赢得 3 场比赛,即获胜. i1,i2,i3,i4,i5 分别为两队按照该种出场顺序,中国队五场比赛中国队员每场获得胜利的概率,通过函数 suiJi()进行 5 次单场模拟,返回总获胜场数 tempresult.如果中国队获胜,则 result=3,4,5;若中国队失败,则 result=0,1,2.因此如果 result>2,中国队获胜;若 result<3,则中国队失利.

```
clear
load getvalue.mat    % 导入胜率矩阵 getvalue
j = 1;
temp = zeros(60,4);
for china1 = 1 : 5
    for china2 = 1 : 5
        for china3 = 1 : 5
```

```
                  if china1 ~ = china2 & china2 ~ = china3 & china3 ~ = china1
    % 采用循环方式穷举 60 种策略
      % china1,china2,china3 分别表示中国出场队员
              k = 1000;                              % 模拟 1000 次
              flag(j) = 0;              % 其中中国队获胜次数,初始值为 0
     for i = 1 : k
      tempresult = 0;       % tempreslult 为 5 局中中国队获胜局数,初始值为 0
     i1 = GetValue(china2,1);
     i2 = GetValue(china1,2);
     i3 = GetValue(china3,3);
     i4 = GetValue(china1,1);
     i5 = GetValue(china2,2);
   tempresult = suiji(i1) + suiji(i2) + suiji(i3) + suiji(i4) + suiji(i5);

     if tempresult > = 3
       flag(j) = flag(j) + 1;
             % 如果中国队取胜局数大于 3,胜场次数加 1
     end
   end
   temp(j,:) = [china1,china2,china3,flag(j)];
   j = j + 1;
                end
          end
     end
end
     result = temp(find(temp == max(temp(:,4))) - 180,:)
                        % 找出有方案中,胜场次数最多的队员安排方案
```

4. 输出最优策略

对每种策略进行多次模拟,得到每种策略所获得的获胜场数,进行比较,得到获胜场数最多的策略.

第五步,回答问题

选择德国队的出场顺序为波尔、奥恰洛夫、苏斯为德国队的一、二、三单打,通过程序模拟,我们就可以得到中国队的最优策略为:一、二、三单打为

王皓、马琳、张继科,在 1000 次模拟中,中国队的获胜场数为 842 场.

模型所获得的胜率是从运动员之间的相互胜负关系得到的,并未考虑到其他因素对胜率的影响,例如世界排名等,得到胜率不够精确. 另外在模拟比赛中,没有考虑到运动员心理素质和气势等影响,真实度存在一些欠缺.

该模型可以改进并应用到战争决策、商业竞争中,通过获得各项事件发生的概率并进行计算机模拟,从而得到最优对策,获得最大的效益值.

思考与练习 5

1.观测一个作直线运动的物体,测得数据如表 5-11 所示:

表 5-11　已知数据

时间 t	0	0.9	1.9	3.0	3.9	5.0
距离 S	0	10	30	50	80	110

在表 5-11 中,时间单位为秒,距离单位为米. 假若加速度为常数,求这物体的初速度和加速度.

2.研究黏虫的生长过程,可测的一组数据如表 5-12 所示.

表 5-12　已知数据

温度 t	11.8	14.7	15.4	16.5	17.1	18.3	19.8	20.3
历期 N	30.4	15	13.8	12.7	10.7	7.5	6.8	5.7

其中历期 N 是指卵块孵化成幼虫的天数. 昆虫学家认为在 N 与 t 之间有关系式:$N=\dfrac{k}{t-c}$,其中 k,c 为常数. 试求最小二乘解.

3.一个箱中有四个球,形状、大小、质地完全相同,在进行摸球时,无法判断这些球之间的差别,但是这些球都编上了号码,比如:0,1,2,3. 四个人按照先后的顺序进行摸奖,如果摸到 0 号球即为中奖. 利用计算机模拟的方法,来说明摸球的先后与中奖可能性大小之间没有必然的联系.

4.某设备上安装有四只型号规格完全相同的电子管,已知电子管寿命为 1000~2000 小时之间呈均匀分布.当电子管损坏时有两种维修方案:一是每次更换损坏的那一只;二是当其中一只损坏时四只同时更换.已知更换时间为换一只需 1 小时,4 只同时换为 2 小时.更换时机器因停止运转每小时的损失为 20 元,又每只电子管价格 10 元,试用模拟方法决定哪一个方案经济合理？

5.(单服务员的排队模型)在某商店有一个售货员,顾客陆续来到,售货员逐个地接待顾客.当到来的顾客较多时,一部分顾客便需排队等待,被接待后的顾客便离开商店.设:

(1)顾客到来间隔时间服从参数为 0.1 的指数分布.

(2)对顾客的服务时间服从[4,15]上的均匀分布.

(3)排队按先到先服务规则,队长无限制.

假定一个工作日为 8 小时,时间以分钟为单位.试

(1)模拟一个工作日内完成服务的个数及顾客平均等待时间 t.

(2)模拟 100 个工作日,求出平均每日完成服务的个数及每日顾客的平均等待时间.

第 6 模块　逻辑及图论组合模型

　　逻辑的基本含义是言辞、理性、秩序和规律,逻辑学($logic$)能有助于培养理性、批判性思维,对学习数学建模特别是数学软件有很大促进作用,但限于篇幅,这里只引出三个逻辑案例,读者可以参阅附录中相关文献继续学习.

　　图论是离散数学的重要分支,是应用十分广泛而又极其有趣的一门学问.它对自然科学、工程技术、经济管理和社会现象等诸多问题能提供得力的数学模型加以解决.在此,我们有针对性地对图论的基本知识及相关算法作一简要介绍,并用之处理建模中出现的一些图论问题.

6.1　人、狼、羊、菜渡河问题

　　一个摆渡人希望用一条小船把一只狼、一只羊和一筐白菜从一条河的河东渡到河西去,而船小只能容纳人、狼、羊和菜中的两个,绝不能在无人看守的情况下,留下狼和羊在一起,羊和白菜在一起,因为当人不在场的情况下,狼和羊在一起,狼会吃羊,羊和菜在一起,羊要吃菜.问怎样安排,人才可以安全地把三样东西都运过河去.

　　第一步,提出问题

　　事实上,这是一个非常有趣的智力游戏问题,显然可用递推方法解决.在这里,我们把此问题化为状态转移问题来解决.为了使问题表述得以简化,以下用 M 表示摆渡人,用 W 表示狼,用 G 表示羊,最后用 C 表示白菜.这个问题就是讨论如何既安全又快速的将 M、W、G 和 C 从河东运到河西.

　　1.可取状态

　　我们可以用一个简单的四维向量来描述人、狼、羊和菜在河东的状态.例如:可用向量 S(1,0,1,0)表示人和羊在河东,并称向量 S 为河东的一个状态.根据问题中的限制条件,有些状态是被允许出现的,而有些状态则不被允许出现.这里我们称被系统允许存在的状态为可取状态,称不被系统允许出现的状态为不可取状态,比如状态 $S_1(1,1,0,0)$ 就是一个可取状态,状态 $S_2(0,1,1,0)$ 就是一个不可取状态.

2.可取运载

我们也可以用一个四维向量来表示人、狼、羊、菜在船上的运载过程.与可取状态的定义类似,我们称 $B_1(1,1,0,0)$ 为可取运载,表示人和狼在船上,而羊和菜不在船上.而 $B_2(0,1,1,1)$ 就是不可取运载,因为船每次只能运载两物.

我们的目标是求状态为 $(0,0,0,0)$ 时的最小运载次数 n.表 6-1 对以上参数和变量作出归纳,以便于后面参考.

表 6-1　渡河问题第一步的结果

参　数	假　设	目　标
M—摆渡人	$S_1(1,1,0,0)$—可取状态	求 n 的最小值
W—狼	$S_2(0,1,1,0)$—不可取状态	
G—羊	$B_1(1,1,0,0)$—可取运载	
C—白菜	$B_2(0,1,1,0)$—不可取运载	
n—运载次数		

第二步,选择建模方法

我们可以选择穷举向量法对本问题进行状态分析和运载分析,特别是列出所有可取状态和可取运载,最后利用寻求可取运算得到可取结果.这个过程就是探讨如何才能在每次都保证可取运载的情况下将状态 $(1,1,1,1)$ 转化为 $(0,0,0,0)$ 状态.

第三步,推导模型的公式

根据前面分析和假设,我们可以用穷举法列出所有可取状态、可取运载如下:

(1)可取状态 S 共有 10 个.

　　$(1,1,1,1)$　　　$(0,0,0,0)$

　　$(1,1,1,0)$　　　$(0,0,0,1)$

　　$(1,1,0,1)$　　　$(0,0,1,0)$

　　$(1,0,1,1)$　　　$(0,1,0,0)$

$$(1,0,1,0) \qquad (0,1,0,1)$$

每行的左右 2 个状态正好相反.

(2) 可取运载 B 共 4 个.

$$(1,1,0,0) \qquad (1,0,1,0)$$

$$(1,0,0,1) \qquad (1,0,0,0)$$

(3)可取运算. 我们规定 S 与 B 相加时对每一分量按二进制法则进行($0+0=0,1+0=0+1=1,1+1=0$). 这样,一次渡河就是一个可取状态向量和可取运载向量相加,可取状态经过加法运算后仍是可取状态,这种运算称为可取运算.

在上述规定下,问题转化为:从初始状态$(1,1,1,1)$经过多少次可取运算才能转化为状态$(0,0,0,0)$?

第四步,求解模型

根据以上规定和分析,我们用可取计算方法来计算满足要求的渡河目标次数.

以下所列状态若为可取状态,我们用"Y"表示;若为不可取,则用"N"表示;虽然可取但已重复就用"R"表示.向量按顺序分别表示 M,W,G,C. 具体解答如下:

$$(1)\,(1,1,1,1)+\begin{cases}(1,0,1,0)\\(1,1,0,0)\\(1,0,0,1)\\(1,0,0,0)\end{cases}\rightarrow\begin{cases}(0,1,0,1)Y\\(0,0,1,1)N\\(0,1,1,0)N\\(0,1,1,1)N\end{cases}$$

$$(2)\,(0,1,0,1)+\begin{cases}(1,0,1,0)\\(1,1,0,0)\\(1,0,0,1)\\(1,0,0,0)\end{cases}\rightarrow\begin{cases}(1,1,1,1)R\\(1,0,1,1)N\\(1,1,0,0)N\\(1,1,0,1)Y\end{cases}$$

$$(3)\,(1,1,0,1)+\begin{cases}(1,0,1,0)\\(1,1,0,0)\\(1,0,0,1)\\(1,0,0,0)\end{cases}\rightarrow\begin{cases}(0,1,1,1)N\\(0,0,0,1)Y\\(0,1,0,0)Y\\(0,1,0,1)R\end{cases}$$

$$(4)_1\,(0,0,0,1)+\begin{cases}(1,0,1,0)\\(1,1,0,0)\\(1,0,0,1)\\(1,0,0,0)\end{cases}\rightarrow\begin{cases}(1,0,1,1)Y\\(1,1,0,1)R\\(1,0,0,0)N\\(1,0,0,1)Y\end{cases}$$

$$(4)_2(0,1,0,0)+\begin{cases}(1,0,1,0)\\(1,1,0,0)\\(1,0,0,1)\\(1,0,0,0)\end{cases}\rightarrow\begin{cases}(1,1,1,0)Y\\(1,0,0,0)N\\(1,1,0,1)R\\(1,1,0,0)N\end{cases}$$

$$(5)_1(1,0,1,1)+\begin{cases}(1,0,1,0)\\(1,1,0,0)\\(1,0,0,1)\\(1,0,0,0)\end{cases}\rightarrow\begin{cases}(0,0,0,1)R\\(0,1,1,1)N\\(0,0,1,0)Y\\(0,0,1,1)N\end{cases}$$

$$(5)_2(1,1,1,0)+\begin{cases}(1,0,1,0)\\(1,1,0,0)\\(1,0,0,1)\\(1,0,0,0)\end{cases}\rightarrow\begin{cases}(0,1,0,0)R\\(0,0,1,0)Y\\(0,1,0,0)N\\(0,1,1,0)Y\end{cases}$$

$$(6)(0,0,1,1)+\begin{cases}(1,0,1,0)\\(1,1,0,0)\\(1,0,0,1)\\(1,0,0,0)\end{cases}\rightarrow\begin{cases}(1,0,0,0)N\\(1,1,1,0)R\\(1,0,1,1)R\\(1,0,1,0)Y\end{cases}$$

$$(7)(1,0,1,0)+\begin{cases}(1,0,1,0)\\(1,1,0,0)\\(1,0,0,1)\\(1,0,0,0)\end{cases}\rightarrow\begin{cases}(0,0,0,0)Y\\(0,1,1,0)N\\(0,0,1,1)N\\(0,0,1,0)R\end{cases}$$

第五步,回答问题

第 7 步已经出现了的状态,说明经 7 次运载即可,其过程为:

$$\xrightarrow[(1)]{去}人,羊\xrightarrow[(2)]{回}人\xrightarrow[(3)]{去}人,狼(或菜)$$

$$\xrightarrow[(4)]{回}人,羊\xrightarrow[(5)]{去}人,菜或(狼)\xrightarrow[(6)]{回}人\xrightarrow[(7)]{去}人,羊$$

用这种方法的优点在于可以将一个智力游戏问题转化成数学建模问题,通过计算机实现其计算.事实上,当状态向量的维数增加,约束条件更为复杂时,这种方法仍然可行.只是当计算中出现循环时,问题无解.

6.2 说谎问题

第一步,提出问题

问题1 张三说李四在说谎,李四说王五在说谎,王五说张三、李四都在说谎.问张三、李四和王五到底谁说的是谎话?

问题2 一个国家的居民不是骑士就是无赖,骑士不说谎,无赖永远说谎.我们遇到该国居民甲、乙、丙.甲说:"如果丙是骑士,那么乙就是无赖."丙说:"甲和我不同,一个是骑士,一个是无赖."问这三个人中,谁是骑士,谁是无赖?

事实上,说谎问题常出现在国内外各种竞赛中,有时在各种大公司的招聘面试和MBA考试中也是屡见不鲜,这类问题我们可以用列表法和反证法来解决.

第二步,选择建模方法

我们可以从题设条件出发,通过分析,找出解题的突破口,依据一个人所讲的话非真即假,并辅之以反证法,对各种情形逐一推理、判断并列表汇总可得最终结果.

第三步,推导模型的公式

根据问题1、问题2列图表如表6-2、6-3所示。

表6-2 问题1的图表

假设	中间结论1 (张三,李四,王五)	中间结论2 (张三,李四)	最终结论 (张三,李四,王五)
张三1	(1,0,1)	(1,0)	(0,0,1) 出现矛盾
张三0	(0,1,0)	(0,1)	(0,1,0) 符合题意

注:其中表中"1"表示说真话,"0"表示说谎话.

表6-3 问题2的图表

假设		中间结论1 丙说谎情况	中间结论2 (甲,丙)	最终结论
甲1	丙1	丙真话	(0,1)	(1,1)→(0,1)矛
	丙0	丙谎话	(0,0)或(1,1)	(1,0)→

注:其中表中"1"表示骑士,"0"表示无赖.

第四步,求解模型

根据以上图表分析可得:

问题1的解:从张三出发逐一进行推理:

(1)假设张三说真话,则李四说谎话,从而得到王五说真话,于是张三在说谎,这与假设张三说真话矛盾,故假设不成立,即张三只能说谎话.

(2)假设张三说谎话,则李四说的是真话,从而王五说谎,此时张三说谎,李四说真话,符合题意.

所以,张三说谎,李四说真话,王五说谎.

问题2的解:假设甲是骑士且

(1)丙为骑士时,则丙的话应该是真话,即甲和丙不同,一个是骑士,一个是无赖,这与假设中甲和丙都是骑士矛盾;

(2)丙为无赖时,则丙的话应该是谎话,即甲和丙相同,两个都是骑士或者两个都是无赖,这与假设中甲是骑士、丙是无赖即甲丙不同相矛盾;

所以,甲一定为无赖,因此甲的话一定是谎话,即丙是骑士但乙不是无赖也即乙是骑士.综合以上推理,甲是无赖,乙和丙都是骑士.

第五步,回答问题

根据以上分析可得问题1和问题2的结论如下:

问题1的结论:张三说谎,李四说真话,王五说谎;

问题2的结论:甲是无赖,乙和丙都是骑士.

6.3 棋子的颜色问题

第一步,提出问题

任意拿出黑白两种颜色的棋子8个,排成如图6-1所示的一个圆圈.然后依次做如下操作:

(1)在两颗颜色相同的棋子中间放一颗黑色棋子;

(2)在两颗颜色不同的棋子中间放一颗白色棋子;

(3)撤掉原来所放的棋子.

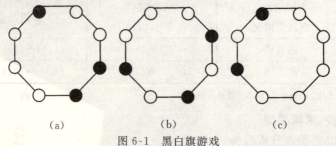

(a)　　　　　　(b)　　　　　　(c)

图6-1 黑白旗游戏

再重复以上的过程,这样放下一圈后就拿走前次的一圈棋子,问这样重复进行下去各棋子颜色最终会发生什么变化?

这个问题似乎和数学没有关系,纯粹是游戏性的东西.但我们完全可以借助数学的推理方法来推测得出所有棋子变黑的次数.

第二步,选择建模方法

我们根据有理数的乘法规则采用递推的方法和逻辑推理的方法来建模.

第三步,推导模型的公式

棋子颜色问题的假设如表 6-4 所示。

表 6-4 棋子颜色问题的假设

符 号	含 义	目 标
$+1$	黑色	经过若干次问题描述中的重复操作后,使得所有的 $a_i = +1$
-1	白色	
$a_i(i=1,2,3,\cdots 8)$	初始位置的 8 颗棋子,其中 $a_i=+1$ 或 -1	

注意到我们的规则是两同色的棋子中间加黑色棋子.两异色的棋子中间加白色的棋子,即黑黑得黑,白白得黑,黑白得白,白黑得白,这与有理数的乘法规则(正正得正,负负得正,正负得负,负正得负)类似.因此,我们用 $+1$ 表示黑色,用 -1 表示白色,开始摆放的 8 颗棋子依次记为 $a_1,a_2,a_3,a_4,$ a_5,a_6,a_7,a_8,我们仅关心的是棋子的颜色,所以 $a_k=+1$ 或 -1,$k=1,2,3,$ $\cdots,8$,下一次在 a_1 和 a_2 中间摆放何种颜色的棋子由 a_1 和 a_2 是同色还是异色而定,这儿 $a_1 \cdot a_2$ 的值正好是 a_1 与 a_2 中间所摆放棋子的颜色.类似地,$a_k \cdot a_{k+1}$ 的值正好给出了它们中间所摆放棋子的颜色,就这样一次次地放下去,各次的颜色均可依次递推得以确定.

第四步,求解模型

根据以上图表和分析可将操作次数和各次操作后棋子的颜色递推如下:

棋子的颜色问题的递推过程

第 0 次:a_1 a_2 a_3 a_4 a_5 a_6 a_7 a_8

第 1 次:a_1a_2 a_2a_3 a_3a_4 a_4a_5 $\cdots$ a_8a_1

第 2 次:$a_1a_2^2a_3$ $a_2a_3^2a_4$ $a_3a_4^2a_5$ $\cdots$ $a_8a_1^2a_2$

第 3 次:$a_1a_2^3a_3^3a_4$ $a_2a_3^3a_4^3a_5$ $a_3a_4^3a_5^3a_6$ $\cdots$ $a_8a_1^3a_2^3a_3$

第 4 次:…　　　　　　…　　　　　　…

第 5 次:…　　　　　　…　　　　　　…

第 6 次:…　　　　　　…　　　　　　…

第 7 次:…　　　　　　…　　　　　　…

第 8 次:$a_1 a_2^8 a_3^{28} a_4^{56} a_5^{70} a_6^{56} a_7^{28} a_8^8 a_1$,…,$a_8 a_1^8 a_2^{28} a_3^{56} a_4^{70} a_5^{56} a_6^{28} a_7^8 a_8$

第五步,回答问题

根据以上分析可得棋子颜色问题的结论如下:

在棋子原来摆放的基础之上,最多经过 8 次变换以后,各个数都变成了 $+1$,这意味着所有棋子都是黑色,且以后重复上述过程,颜色也就不再变化了.

模型评价:这一建模过程主要利用了有理数的符号规则,体现了初等数学的巧用、妙用之处.读者还可以继续考虑每一圈棋子个数为任意自然数时颜色的变化规律.

6.4　选址问题

先介绍图论的基本概念.

所谓图,直观地讲就是在平面上若干不同的点 $v_1, v_2, \cdots v_n$,把其中的一些点对用直线段或曲线段 $e_1, e_2, \cdots e_n$ 连接起来,不考虑点的位置与连线的曲、直、长、短.这种由若干个不同点与连结其中某些点对的线段所组成的图形就称为图,记为 $G=(V,E)$.下面给出相关的定义.

定义　一个有序二元组 (V,E) 称为一个图,记为 $G=(V,E)$,其中:

1. $V=\{v_1, v_2, \cdots, v_n\}$ 称为 G 的顶点集,$V \neq \varnothing$,其元素称为顶点或结点,简称点;

2. $E=\{e_1, e_2, \cdots, e_n\}$ 称为 G 的边集,其元素称为边,它联结 V 中的两个点,如果这两个点是无序的,则称该边是无向边;否则,称为有向边.

3. 没有端点相同的边(没有环也没有重边的简单图),任意两顶点都相邻且只有一条边的图,称为完备图.

4. 边与顶点都不重复的通路(如 $W=v_0 e_1 v_1 e_2 \cdots v_{k-1} e_k v_k$)称为路径,记为 $P_{v_0 v_k}$. k 称为通路 W 的长度,记为 $l(W)=k$. 当 $v_0=v_k$ 时,路成为一个圈.

5. 设 $G=(V,E)$,$M \subseteq E$. 若 M 的边互不相邻,则称 M 是 G 的一个匹配.若 G 的每个顶点都是 M 的一条边的端点,则称 M 是 G 的一个完美(理想)匹配.

　　一个图实质上给出了顶点之间的一种二元关系.因而在客观世界中,一些事物间若带有某种二元关系,就可以用一个图来描述这些事物之间的相互关系.一般情况下,用图的顶点来表示问题中所讨论的主要对象,而边表示这些对象之间主要的二元关系,所构成的图就表述了这些对象之间的二元关系.我们可以对该图的讨论来解决问题.下面我们通过几个实例来了解图模型的建立方法.

　　用图解决实际问题时,除了建立图的模型外,有时还要考虑连结这些点的边的一个数量关系,如表示两点 u 与 v 之间的边 e 的长度,可用一个实数 $w(e)$ 表示,称为边 e 的权.每边带有一个实数 $w(e)$ 的图 G 称为带权图,记为 $G=(V,E,w)$.

　　选址问题:某市新建了五个小区,准备在其中一个小区新建一个医院,为了使最远的病人尽可能走近一点的道路,医院应该建在哪个小区最好.小区的情况如图 6-2 所示.

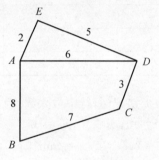

图 6-2　小区分布

第一步,提出问题

　　如图 6-2 所示,主要的变量为每两个小区的路程:A、B、C、D、E 五个小区依次用 $v_i(i=1,2,3,4,5)$ 表示,两个小区 v_i 到 v_j 的最短路程用 S_{ij} 表示,如 $S_{12}=AB=8$,$S_{13}=ADC=9(<ABC=8+7=15)$,$S_{34}=CD=3$,$S_{45}=DE=5$,$S_{15}=S_{51}=2$,$S_{25}=BAE=8+2=10(<BCDE=7+3+5=15)$.由此,可以用 S_{ij} 表示并算出每两个小区的最短路程,为使最远的病人尽可能走近一点的道路,我们的问题就是找点 i,使其他点 j 到点 i 的路径(距离)最短.

第二步,选择建模方法

　　这是一个最短路问题,当点较少时,可用列表法建模.先找出行向量中最大数,再在所找出的最大数集合中找出最小值.简称最大最小化方法,也称为"差中求好"法.

第三步,推导模型的公式

为使最远的病人尽可能走近一点的道路,可算出医院选址 v_i 处,其余小区到 v_i 小区的最大路程 $S_i = \max\{S_{ij}\}$ $(j=1,2,3,4,5)$. 则最小值 $S = \min\{S_i, i=1,2,3,4,5\} = \min\limits_{1 \leqslant i \leqslant 5}\{\max\limits_{1 \leqslant j \leqslant 5}\{S_{ij}\}\}$. 找出值为 S 的 S_i,即医院选址 v_i 区.

第四步,求解模型

利用题图及相邻两小区的路程,很容易求出各小区的最短路路程 S_{ij} 如表 6-5 所示.

表 6-5　每两点之间最短路程 S_{ij}

	v_1	v_2	v_3	v_4	v_5
v_1	0	8	9	6	2
v_2	8	0	7	10	10
v_3	9	7	0	3	8
v_4	6	10	3	0	5
v_5	2	10	8	5	0

各小区对应的最大服务路程(每行中最大数)为:

$S_1 = 9, S_2 = 10, S_3 = 9, S_4 = 10, S_5 = 10$

最小值 $S = \min\{S_i, i=1,2,3,4,5\} = \min\{9,10,9,10,10\} = 9$

显然:$S_1 = S_3 = 9$.

第五步,回答问题

把医院建在 A 或 C 小区为最好的选择.

选址的优化分析:一方面,为使最远的病人尽可能走近一点的道路是模型建立的唯一依据,没有考虑各小区的人口密度和小区之间道路的畅通性等因素,实际问题可结合这些因素选址 A 或 C. 另一方面,本例小区个数少,每两点之间最短路程 S_{ij} 一目了然,当小区个数多时,最短路程 S_{ij} 须用 Dijkstra 算法或 Floyd 算法.

附 Dijkstra 算法步骤:

(1)令 $l(v_0) = 0, l(v) = \infty, v \neq v_0$;$S_0 = \{v_0\}, i=0$.

(2)对每个 $v \notin S_i$,用 $\min\{l(v), l(v_i) + w(v_i, v)\}$ 代替 $l(v)$;设 v_{i+1} 是使 $l(v)$ 取最小值的 $\bar{S}_i$ 中的顶点($\bar{S}_i$ 是 S_i)的补集,令 $S_{i+1} = S_i + \{v_{i+1}\}$　$(i=0,$

$1,2\cdots$).

(3)若 $i=|V(G)|-1$,则停止;若 $i<|V(G)|-1$,令 $i=i+1$ 转(2).

当算法结束时,从 v_0 到 v 的距离由最终标号值 $l(v)$ 给出,并可根据各个顶点旁边的 (v_i) 追回找出从 v_0 到 v 的最短路.

6.5 设备更新问题

企业使用一台设备,每年年初,企业领导就要明确是购置新的,还是继续使用旧的.若购置新设备,就要支付一定的购置费用;若继续使用,则需支付一定的维修费用.现要制定一个五年之内的设备更新计划,使得五年内总的支付费用最少.

已知该种设备在每年年初的价格如表 6-6 所示.

表 6-6 已知设备的每年年初价格

第一年	第二年	第三年	第四年	第五年
11	11	12	12	13

使用不同年限设备所需维修费如表 6-7 所示.

表 6-7 使用不同年限设备所需维修费用

使用年限	0-1	1-2	2-3	3-4	4-5
维修费	5	6	8	11	18

第一步,提出问题

用 A、B、C、D、E 分别表示第一到第五年年初,F 表示第五年年末. 第一年年初必须购一台设备.制定五年内总的支付费用最少的设备更新计划,要根据第二到第五年初的购置费用和使用不同年限的维修费用对 B、C、D、E 年初是否购置新设备作出判断.

第二步,选择建模方法

本题可以以第一年年初 A 为固定起点,第五年年末 F 为终点,费用为路径的权,用图论中固定起点的最短路(即最少费用)结合组合的方法求解.

第三步,推导模型的公式

设变量 $Y(n_1\cdots n_k)$,($k=2,3,4,5$)表示五年内一个确定的购买计划的总支付费用,其中 n_1 到 n_6 分别对应 A 到 F,如 $Y(134)$ 同 $Y(ACD)$,表示第一年年初、第三年年初、第四年年初各买一台共三台设备购买计划五年内的总费用;购进第 i 台设备的购买费为 $a_i(i=1,2,3,4,5)$,该设备使用 j 年后的维修费为 b_{ij}.则五年内的总费用为:

$$Y(n_1 \cdots n_k) = \sum_{i=1}^{k} \left(a_i + \sum_{j=i}^{n_{i+1}} b_{ij} \right)$$

第四步,求解模型

下面用组合分类法求解.按购买设备台数分类.

一台:

$$Y(A) = Y(1) = a_1 + \sum_{j=1}^{5} b_{1j} = 11+5+6+8+11+18 = 59$$

二台:

$$Y(AB) = Y(12) = \sum_{i=1}^{2} \left(a_i + \sum_{j=i}^{n_{i+1}} b_{ij} \right)$$
$$= (11+5) + (11+5+6+8+11)$$
$$= 16 + 41$$
$$= 57$$

同理

$$Y(AC) = 53$$
$$Y(AD) = 53$$
$$Y(AE) = 59$$

三台:

$$Y(ABC) = 16+16+31 = 63$$
$$Y(ABD) = 16+22+23 = 61$$
$$Y(ABE) = 16+30+18 = 64$$
$$Y(ACD) = 22+17+23 = 62$$
$$Y(ACE) = 22+23+18 = 63$$
$$Y(ADE) = 30+17+18 = 65$$

四台:

$$Y(ABCD) = 16+16+17+23 = 72$$
$$Y(ABCE) = 16+16+23+18 = 73$$
$$Y(ABDE) = 16+22+17+18 = 73$$
$$Y(ACDE) = 22+17+17+18 = 74$$

五台：
$$Y(ABCDE)=16+16+17+17+18=84$$
以上计算如图 6-3 所示.

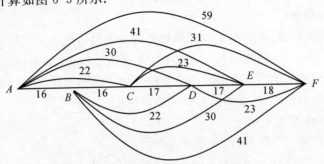

图 6-3 用组合分类法求解

第五步,回答问题

观察比较知,五年内总的支付费用最少为 $Y(AC)=Y(AD)=53$. 五年内买两台设备最好,即第一年初与第三年初各买一台,或第一年初与第四年初各买一台为最好的选择.

6.6 中国邮递员问题

邮递员发送邮件时,要从邮局出发,经过他投递范围内的每条街道至少一次,然后返回邮局,怎样选择一条行程最短的路线. 这就是中国邮递员问题.

求如图 6-4 所示投递区的一条最佳邮递路线.

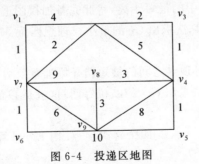

图 6-4 投递区地图

第一步,提出问题

将投递区的街道用边 $e=v_iv_j$ 表示,街道的长度用边权 $d(v_iv_j)$ 表示,邮局、街道岔口用点 v_i 表示,则一个投递区构成一个赋权连通无向图 $G(V,$

E). 中国邮递员问题转化为在非负加权连通图中寻求最佳巡回(权最小的巡回).

第二步,选择建模方法(求最佳巡回的基本思想):

分两种情况:

1. G 是欧拉图:存在经过 G 的每边正好一次的巡回

从任一点出发,每当访问一条边时,先要进行检查.如果可访问的边不只一条,则应选一条不是未访问的边集的导出子图的割边(删去该边后连通图不连通)作为访问边,直到没有边可选择为止.

用 Fleury 算法:

(1)任意选一个顶点 v_0,令道路 $w_0 = v_0$.

(2)假定道路 $w_i = v_0 e_1 v_1 e_2 \cdots e_i v_i$ 已经选好,从 $E/\{e_1, e_2, \cdots, e_i\}$ 中选一条边 e_{i+1},使:

① e_{i+1} 与 v_i 相关联;

②除非不能选择,否则一定要使 e_{i+1} 不是 $G_i = G[E - \{e_1, e_2, \cdots, e_i\}]$ 的割边.

(3)第(2)步不能进行时就停止.

2. G 不是欧拉图:G 的任何一个巡回经过某些边必定多于一次

在一些点对之间引入重复边(重复边与它平行的边具有相同的权),使原图成为欧拉图,但希望所有添加的重复边的权的总和为最小.

第三步,推导模型的公式(Edmonds 算法)

(1)用 Edmonds 算法求出所有奇次顶点之间的最短路径和距离.

(2)以 G 的所有奇次顶点为顶点集(个数为偶数),作一完备图,边上的权为两端点在原图 G 中的最短距离,将此完备加权图记为 G_1.

(3)用 Edmonds 算法求出 G_1 的最小权理想匹配 M,得到奇次顶点的最佳配对.

(4)在 G 中沿配对顶点之间的最短路径添加重复边得欧拉图 $G*$.

(5)用 Fleury 算法求出 $G*$ 的欧拉寻回,这就是 G 的最佳寻回.

第四步,求解模型

图 6-5 中有 v_4、v_7、v_8、v_9 四个奇次顶点.用 Floyd 算法求出它们之间的最短路径和距离如下:

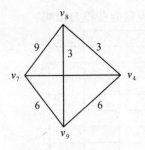

图 6-5 四个奇次顶点

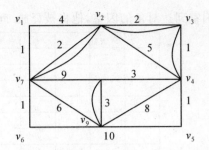

图 6-6 欧拉图 G_2

$$P_{v_4 v_7} = v_4 v_3 v_2 v_7, d(v_4, v_7) = 5$$
$$P_{v_4 v_8} = v_4 v_8, d(v_4, v_8) = 3$$
$$P_{v_4 v_9} = v_4 v_8 v_9, d(v_4, v_9) = 6$$
$$P_{v_7 v_8} = v_7 v_8, d(v_7, v_8) = 9$$
$$P_{v_7 v_9} = v_7 v_9, d(v_7, v_9) = 6$$
$$P_{v_8 v_9} = v_8 v_9, \ d(v_8, v_9) = 3$$

以 v_4、v_7、v_8、v_9 为顶点,它们之间的最短距离为边权构造完备图 G_1.

求出 G_1 的最小权完美匹配 $M = \{(v_4, v_7), (v_8, v_9)\}$.

在 G 中沿 v_4 到 v_7 的最短路径添加重复边,沿 v_8 到 v_9 的最短路径 $v_8 v_9$ 添加重复边,得欧拉图 G_2,如图 6-6 所示.

第五步,回答问题

G_2 中的一条欧拉巡回就是 G 的一条最佳巡回.其权值为 64.

思考与练习 6

1. 模仿 6.1 节过河问题中的状态转移模型,作下面这个众所周知的智力游戏:人带着猫、鸡、米过河,船除需要人划外,至多能载猫、鸡、米三者之一,而当人在场时猫要吃鸡、鸡要吃米.试设计一个安全过河方案,并使渡河次数尽可能地少.

2. 试讨论 6.3 节中每一圈棋子个数为任意自然数时棋子颜色的变化规律.

3. 设有 n 个人参加一个宴会,已知没有人认识所有的人,问是否有两个人,他们认识的人一样多?

4. 设一所监狱有 64 间囚室,其排列如图 6-7 所示,所有相邻的囚室间都有门相通.监狱长告诉被关押在角落的一个囚犯,只要他能够不重复地通过

每间囚室到达对角的囚室,他将被释放.问此囚犯能获得自由吗?

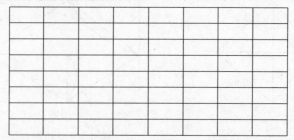

图 6-7 囚室结构

5.一摞硬币共有 m 枚,每枚硬币均正面朝上.取最上面的 1 枚,将他们翻面后放回原处,然后取最上面的 2 枚硬币,将它们一起翻面后放回原处.再取 3 枚、取 4 枚、……直至整摞硬币都按上述方法处理过.接下来再从这摞硬币最上面的 1 枚开始,重复刚才的做法.这样一直做下去,直到这摞硬币中的每一个又都是正面朝上为止.问这种情形是否一定出现?如果出现,则一共需做多少次翻面?

6.(分油问题)一个人用可装 10 斤油的瓶子装了一瓶油拿到市场上去卖,正好来了两个买油的.每人要 5 斤,但没有秤,只有两个空瓶,一个能装 7 斤油,一个能装 3 斤油.问他们能否利用这三只瓶子把 10 斤油平分.

7.已知有 6 个村庄,各村的小学生人数如表 6-8 所示,各村庄间的距离如图 6-8 所示.现计划建造一所医院和一所小学,问医院应建在哪个村庄才能使最远的村庄到医院看病所走的路最短?又问小学建在哪个村庄使得所有学生上学走的总路程最短?

表 6-8 各村庄小学生人数分布

村庄	v_1	v_2	v_3	v_4	v_5	v_6
小学生	50	40	60	20	70	90

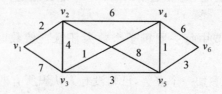

图 6-8 各村庄距离

8.某建筑公司签订了一项合同,要为一家制造公司建造一座新的厂房.合同规定厂房的完工期限为 12 个月.要是工厂不能在 12 个月内完工就要赔款,因此,建筑公司的管理处决定认真地分析一下建筑过程的每一个阶段.该工程的所有事项(工序)及每一事项的紧前事项由表 6-9 列出.请你分析该项工程能否按时完工,如何能使该项工程按时完工,并估出某些事项可延续的时间.

表 6-9 某工程的所有工序及每一工序的紧前事项

工　序(事项)	估计周数	紧前事项
1.平整土地	4	无
2.打　　桩	1	1
3.运进钢材	3	无
4.运进混凝土	2	无
5.运进木材	2	无
6.运进水管和电器材料	1	无
7.浇注地基	7	2,3,4
8.焊接钢梁	15	3,7
9.安装生产设备	5	7,8
10.分隔办公室	10	5,7,8
11.安装水电和电器	11	6,8,10
12.装饰墙壁	5	8,10,11

9.(供电问题)现要建立一个连结七个城镇 A,B,C,D,E,F,J 的高压电输送网.假设不是所有的城镇之间都能架设直通线路,那些可以架设直通线路的城镇及其相应的造价如表 6-10 所示.现要求 A 与 B、A 与 D 之间必须有直通的线路.试问如何设计,才使总造价最小.

表 6-10 可以架设直通线路的城镇及相应的造价

	A	B	C	D	E	F	J
A	*	8	/	11	/	/	/
B	8	*	3	/	/	7	4
C	/	3	*	/	8	/	6
D	11	/	/ *	3	/	9	
E	/	/	8	3	*	4	/
F	/	7	/	/	4	*	4
J	/	4	6	9	/	4	*

10.（邮路问题）我们知道邮递员的工作是每天从邮局选出邮件，然后沿着街道把邮件送到客户手中，最后返回邮局．自然，他必须走过他所投递范围的每一条街道至少一次，且希望以尽可能少的行程完成他的投递任务．图6-9是某邮递员的投递区域，请设计一条行程最短的投递路线．

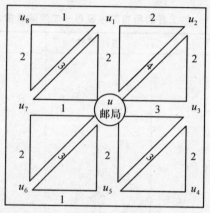

图 6-9　投递地图

第 7 模块　数据处理方法

在经济生活、科学研究中离不开对数据的统计和分析,特别是在当今信息时代,人们几乎每天都可以接触成千上万的数据并要进行处理,就是在日常生活和管理中,也离不开对数据的处理和应用。用"数据说话"就是提倡讲事实、摆道理。同样,在数学建模过程中,常常碰到许多数据。怎样充分利用这些数据为建立模型服务? 本章将介绍一些常用的对数据处理的数学方法,对数学建模和解决实际问题都是非常有用的。

7.1　常用数据处理方法

为方便读者系统比较学习,本节内容先集中介绍三种数据处理方法和原理.

方法一:数据一致化处理

有些指标数据越大带来的对另一指标影响反而越小。如商品成本越大,顾客满意度越低;交通违章次数越多,人们对该车主的印象反而越差等等。这时,往往要对原指标数据进行"缩小"处理,从而达到"越大越好,越小越不好"的一致效果。

如果数量 x 越大越不好,转换成数据越大越好,可用以下 3 个公式表示:

1. 极小型

$$x' = \frac{1}{x}, (x > 0) \tag{7-1}$$

或

$$x' = M - x \tag{7-2}$$

2. 中间型

$$x'=\begin{cases}\dfrac{2(x-m)}{M-m},m\leqslant x\leqslant\dfrac{1}{2}(M+m)\\[3mm]\dfrac{2(M-x)}{M-m},\dfrac{1}{2}(M+m)\leqslant x\leqslant M\end{cases}\tag{7-3}$$

3. 区间型

$$x'=\begin{cases}1-\dfrac{a-x}{c},c<a\\[2mm]1,\quad a\leqslant x\leqslant b\\[2mm]1-\dfrac{x-b}{c},x>b\end{cases}\tag{7-4}$$

其中,$[a,b]$为 x 的最佳稳定区间.$c=\max\{a-m,M-b\}$,M、m 为 x 的最大值和最小值.区间如图 7-1 所示.

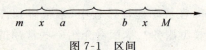

图 7-1　区间

方法二：数据指标的无量纲化处理

在数据指标之间,往往存在着不可公度性,会出现"大数吃小数"的错误,导致结果不合理。此时,先要对原始数据进行标准化处理,然后才能比较.

1. 标准差法

$$x_{ij}=\frac{x_{ij}-\bar{x}_j}{S_j},\quad\bar{x}_j=\frac{1}{n}\sum_{i=1}^{n}x_{ij}\tag{7-5}$$

其中 $S_j^2=\dfrac{1}{n}\sum\limits_{i=1}^{n}(x_{ij}-\bar{x}_j)^2$

2. 极值差法

$$x_{ij}=\frac{x_{ij}-m_j}{M_j-m_j}\tag{7-6}$$

其中 $M_j=\max\limits_{1\leqslant i\leqslant n}\{x_{ij}\}$

$m_j=\min\limits_{1\leqslant i\leqslant n}\{x_{ij}\}$

3. 功效系数法

$$x'_{ij}=c+\frac{x_{ij}-m_j}{M_j-m_j}d$$

则 $x'_{ij}\in[0,1]$,$(i=1,2,\cdots,n;j=1,2,\cdots,m)$.

方法三：模糊指标的量化处理

问题定性或模糊指标的定量处理问题,如教学质量,科研水平,工作绩效,人员素质,各种满意度、信誉、态度、意识、观念、能力等有关政治、社会、人文等领域的问题,如何定量分析?

　　按国家的评价标准,评价因素一般分为五个等级,如 A、B、C、D、E. 构造模糊隶属函数的量化法是行之有效的.

$$\{A,B,C,D,E\} \rightarrow \{v_1,v_2,v_3,v_4,v_5\}$$

如:$\{A,B,C,D,E\} \rightarrow \{5,4,3,2,1\}$,或$\{A,B,C,D,E\} \rightarrow \{9,7,5,3,1\}$

比如:{很满意,满意,较满意,不太满意,很不满意}$\rightarrow \{5,4,3,2,1\}$.

常用的隶属函数有:

1. 半梯形分布与梯形分布

（1）偏小型（图 7-2a）

$$f(x)=\begin{cases} 1,x<a \\ \dfrac{b-x}{b-a},a\leqslant x\leqslant b \\ 0,\quad x>b \end{cases} \tag{7-7}$$

（2）偏大型（图 7-2b）

$$f(x)=\begin{cases} 0,x<a \\ \dfrac{x-a}{b-a},a\leqslant x\leqslant b \\ 1,\quad x>b \end{cases} \tag{7-8}$$

（3）中间型（图 7-2c）

$$f(x)=\begin{cases} 0,x<a \\ \dfrac{x-a}{b-a},a\leqslant x\leqslant b \\ 1,\quad b\leqslant x\leqslant c \\ \dfrac{d-x}{d-c},c\leqslant x\leqslant d \\ 0,\quad x\geqslant d \end{cases} \tag{7-9}$$

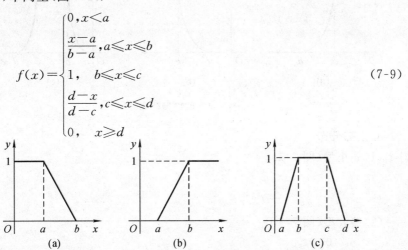

图 7-2　半梯形分布与梯形分布

2.抛物型分布

(1)偏小型(图 7-3a)

$$f(x) = \begin{cases} 1, x<a \\ \left(\dfrac{b-x}{b-a}\right)^k, a\leqslant x\leqslant b \\ 0, \quad x>b \end{cases} \tag{7-10}$$

(2)偏大型(图 7-3b)

$$f(x) = \begin{cases} 0, x<a \\ \left(\dfrac{x-a}{b-a}\right)^k, a\leqslant x\leqslant b \\ 1, \quad x>b \end{cases} \tag{7-11}$$

(3)中间型(图 7-3c)

$$f(x) = \begin{cases} 0, x<a \\ \left(\dfrac{x-a}{b-a}\right)^k, a\leqslant x\leqslant b \\ 1, \quad b\leqslant x\leqslant c \\ \left(\dfrac{d-x}{d-c}\right)^k, c\leqslant x\leqslant d \\ 0, \quad x\geqslant d \end{cases} \tag{7-12}$$

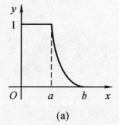
(a)
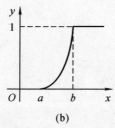
(b)
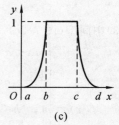
(c)

图 7-3 抛物型分布

3.正态分布

(1)偏小型(图 7-4a)

$$f(x) = \begin{cases} 1, x\leqslant a \\ e^{-\left(\frac{x-a}{\sigma}\right)^2}, x>a \end{cases} \tag{7-13}$$

(2)偏大型(图 7-4b)

$$f(x) = \begin{cases} 0, x\leqslant a \\ 1-e^{-\left(\frac{x-a}{\sigma}\right)^2}, x>a \end{cases} \tag{7-14}$$

(3) 中间型(图 7-4c)

$$f(x)=e^{-\left(\frac{x-a}{\sigma}\right)^2}, -\infty<x<+\infty \qquad (7\text{-}15)$$

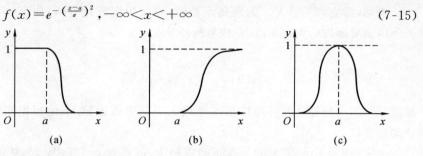

图 7-4　正态分布

4.柯西分布

(1)偏小型(图 7-5a)

$$f(x)=\begin{cases}1, & x\leqslant a\\ \dfrac{1}{1+\alpha(x-a)^{\beta}}, & x>a,(\alpha>0,\beta>0)\end{cases} \qquad (7\text{-}16)$$

(2)偏大型(图 7-5b)

$$f(x)=\begin{cases}0, & x\leqslant a\\ \dfrac{1}{1+\alpha(x-a)^{-\beta}}, & x>a,(\alpha>0,\beta>0)\end{cases} \qquad (7\text{-}17)$$

(3)中间型(图 7-5c)

$$f(x)=\frac{1}{1+\alpha(x-a)^{\beta}}, (\alpha>0,\beta\ 正偶数) \qquad (7\text{-}18)$$

其中 α,β,a,b 都是待定常数.

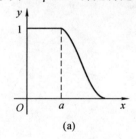 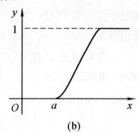 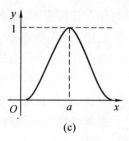

图 7-5　柯西分布

　　上面给出了四种分布,在实际应用中可根据讨论对象所具有的特点加以选择.或通过统计资料描出大致曲线,将它与给出的几种分布比较,选择最接近的一个,再根据实验确定较符合实际的参数.这样,便可比较容易地

173

写出隶属函数表达式.

例如,建立＜年轻人＞的隶属函数时,可以根据统计资料,作出＜年轻人＞的隶属函数的大致曲线,发现与柯西分布

$$f(x) = \begin{cases} 1, & x \leqslant a \\ \dfrac{1}{1+\alpha(x-a)^\beta}, & x > a, (\alpha > 0, \beta > 0) \end{cases}$$

接近.那么,可选择柯西分布作为＜年轻人＞的隶属函数.下面根据年龄特征确定参数.

大家知道,不足 25 岁的是真正的年轻人,故可选 $a = 25$. 从 25 岁开始,＜年轻人＞的隶属度随着年龄的增大而减少,并且这个衰减明显不是线性的,为了方便,可选 $\beta = 2$. 又因为 30 岁作为年轻人是最模糊的概念,因此通过 $f(30) = \dfrac{1}{2}$ 求出参数 $\alpha = \dfrac{1}{25}$. 于是得到关于＜年轻人＞的隶属函数为:

$$f(x) = \begin{cases} 1, & x \leqslant 25 \\ \left(1 + \left(\dfrac{x-25}{5}\right)^2\right)^{-1}, & x > 25 \end{cases}$$

7.2 数据处理的综合评价方法

方法一:线性加权综合法

用线性加权函数

$$y = \sum_{j=1}^{m} w_j x_j \tag{7-19}$$

作为综合评价模型,对各系统进行综合评价.

运用条件:各指标之间相互独立.

特点:①各评价指标间作用得到线性补偿;

②权重系数对评价结果明显影响.

方法二:非线性加权综合法

用非线性加权函数

$$y = \prod_{j=1}^{m} x_j^{w_j} \tag{7-20}$$

作为综合评价模型,对各系统进行综合评价.

w_j 为权重系数,要求 $x_j \geqslant 1$.

运用条件:各指标间有较强的关联性.

特点：①突出各指标值的一致性，即平衡评价指标值较小的指标影响作用；

②权重系数大小的影响不是特别明显，而对指标值的大小差异相对较敏感.

方法三：逼近理想点(TOPSIS)方法

设定系统指标的一个理想点$(x_1^*, x_2^*, \cdots, x_m^*)$，将每一个被评价对象与理想点进行比较. 如果某一个被评价对象指标$(x_{i1}, x_{i2}, \cdots, x_{im})$在某种意义下与理想点$(x_1^*, x_2^*, \cdots, x_m^*)$最接近，则被评价对象$(x_{i1}, x_{i2}, \cdots, x_{im})$为最好的.

基于这种思想的综合评价方法称为逼近理想点的排序方法(the techniqe for order preference by similarity to ided solutiom，TOPSIS).

定义二者之间的加权距离：

$$y_i = \sum_{j=1}^{m} w_j(x_{ij}, x_j^*), i = 1, 2, \cdots, n \tag{7-21}$$

其中，w_j 为加权系数，$f(x_{ij}, x_j^*)$为 x_{ij} 与 x_j^* 之间的某种意义下的距离。

通常可取 $f(x_{ij}, x_j^*) = (x_{ij} - x_j^*)^2$，则综合评价函数为

$$y_i = \sum_{j=1}^{m} w_j(x_{ij} - x_j^*)^2, i = 1, 2, \cdots, n \tag{7-22}$$

按照 $y_i(i=1, 2, \cdots, n)$值的大小，对各评价方案进行排序选优，其值越小，方案就越好。

特别地，当某个 $y_i = 0$ 时，则对应方案是最优的。

方法四：数据建模的动态加权综合方法

1. 一般提法

设有 n 个被评对象(或系统)$S_1, S_2, \cdots, S_n(n>1)$，每个系统都有 m 个属性(或评价指标)$x_1, x_2, \cdots, x_m(m>1)$，对每一个 x_i 都可分为 K 个等级 $P_1, P_2, \cdots, P_K(K>1)$。而对每一个 P_K，都包含一个$[a_k^{(i)}, b_k^{(i)}]$且 $a_k^{(i)} < b_k^{(i)}$，$(i=1, 2, \cdots, m; k=1, 2, \cdots, K)$。即当 $x_i \in [a_k^{(i)}, b_k^{(i)}]$时，则 x_i 属于第 k 类 $P_k(1 \leqslant k \leqslant K)$.

如何对 n 个系统作出综合评价呢？

问题对每一个属性而言，既有不同类别的差异(m)，同类别又有不同量值的差异(k)。对既有"质差"，又有"量差"问题，合理有效的方法是动态加权综合评价方法。

2. 动态加权函数的设定

(1)分段变幂函数

$$w_i(x) = x^{\frac{1}{k}}, x \in [a_k^{(i)}, b_k^{(i)}], (k=1, 2, \cdots, K) \tag{7-23}$$

(2)偏大型正态分布函数

$$w_i(x) = \begin{cases} 0, & x \leqslant a_i \\ 1 - e^{-\left(\frac{x-a_i}{\sigma_i}\right)^2}, & x > a_i \end{cases} \tag{7-24}$$

其中参数 α_i 可取 $[a_k^{(i)}, b_k^{(i)}]$ 中某个定值。

(3)S 型分布函数

$$w_i(x) = \begin{cases} 2\left[\dfrac{x - a_1^{(i)}}{b_k^{(i)} - a_1^{(i)}}\right]^2, & a_1^{(i)} \leqslant x \leqslant c \\ 1 - 2\left[\dfrac{x - b_k^{(i)}}{b_k^{(i)} - a_1^{(i)}}\right]^2, & c \leqslant x \leqslant b_k^{(i)} \end{cases} \tag{7-25}$$

其中，参数 $c = \dfrac{1}{2}\left[a_1^{(i)} + b_k^{(i)}\right]$. 且 $w_i(c) = 0.5, (1 \leqslant i \leqslant m)$

(4)根据标准化后的值,仍用 x_i 表示,相应动态权函数 $w_i(x)(i=1,2,\cdots,m)$,则

$$x = \sum_{i=1}^{m} w_i(x) \cdot x_i \tag{7-26}$$

方法五:数据建模的综合排序方法

1. 一般提法

设有 n 个系统,$S_1, S_2, \cdots, S_n (n > 1)$,每个系统都有 m 个属性 $x_1, x_2, \cdots, x_m$ $(m > 1)$.相应地每个属性都有 n 组样本观测值为 $\{x_{ij}\}(1 \leqslant i \leqslant n, 1 \leqslant j \leqslant m)$.

如果按照某种方法,由每一组样本都可以给出 n 个系统 $S_1, S_2, \cdots, S_n$ $(n > 1)$ 的一个排序,则共有 m 个不同的排序结果.

问题:如何给出 n 个系统的最终排序结果呢?

2. Borda 函数方法

在第 j 个排序方案中,排在第 k 个系统 S_k 后面的个数为 $B_j(S_k)$,则系统 S_k 的 Borda 函数为

$$B(S_k) = \sum_{j=1}^{m} B_j(S_k). (k = 1, 2, 3, \cdots, n) \tag{7-27}$$

按其大小排序,可得到 n 个系统的综合排序结果,即总排序结果.

7.3 预测方法

方法一:插值

1. 线性插值公式

已知函数 $y = f(x)$ 在互异的两点 x_0 和 x_1 处的函数值 y_0 和 y_1,欲求一

个次数不超过 1 的多项式 $y = L_1(x)$ 使其满足

$$L_1(x_0) = y_0, L_1(x_1) = y_1$$

$L_1(x)$ 是存在而且唯一的. 称 $L_1(x)$ 为线性插值函数或一次插值多项式. 用点斜式可以写出过两点 (x_0, y_0) 和 (x_1, y_1) 的直线方程:

$$y = y_0 + \frac{y_1 - y_0}{x_1 - x_0}(x - x_0)$$

因此

$$L_1(x) = y_0 + \frac{y_1 - y_0}{x_1 - x_0}(x - x_0)$$

将它写成对称式, 为

$$L_1(x) = y_0 \frac{x - x_1}{x_0 - x_1} + y_1 \frac{x - x_0}{x_1 - x_0} \tag{7-28}$$

称 (7-28) 式为拉格朗日线性插值函数或一次拉格朗日插值公式.

若引进记号:

$$l_0(x) = \frac{x - x_1}{x_0 - x_1}, l_1(x) = \frac{x - x_0}{x_1 - x_0}$$

则 (7-28) 式可写成:

$$L_1(x) = y_0 l_0(x) + y_1 l_1(x) \tag{7-29}$$

其中 $l_0(x), l_1(x)$ 满足:

$$l_0(x_0) = 1, l_0(x_1) = 0; l_1(x_0) = 0, l_1(x_1) = 1$$

称 $l_0(x), l_1(x)$ 为线性插值的基函数.

【例 7-1】 根据表 7-1 给出的平方根值, 用线性插值计算 $\sqrt{5}$.

表 7-1　已知数据

x	1	4	9	16
$\sqrt{x}$	1	2	3	4

解: 取最接近 $x = 5$ 的两点 $x_0 = 4$, $x_1 = 9$ 为插值节点, 运用公式 (7-28) 得

$$\sqrt{5} \approx L_1(5) = 2 \times \frac{5 - 9}{4 - 9} + 3 \times \frac{5 - 4}{9 - 4} = 2.2$$

2. 抛物线插值公式

已知函数 $y = f(x)$ 在三个互异点 x_0, x_1, x_2 处的函数值 y_0, y_1, y_2, 欲求一个次数不超过 2 的多项式 $y = L_2(x)$, 使其满足

$$L_2(x_0) = y_0, L_2(x_1) = y_1, L_2(x_2) = y_2$$

仿照线性插值时构造插值函数的方法,设有如下三个基函数:$l_0(x)$,$l_1(x)$,$l_2(x)$,它们都是二次函数,分别满足下列条件:

$$l_0(x_0) = 1, \ l_0(x_1) = 0, l_0(x_2) = 0;$$
$$l_1(x_0) = 0, \ l_1(x_1) = 1, l_1(x_2) = 0;$$
$$l_2(x_0) = 0, \ l_2(x_1) = 0, l_2(x_2) = 1;$$

由上述条件可以推出 $l_0(x)$,$l_1(x)$,$l_2(x)$ 的表达式. 例如:由于 x_1,x_2 是 $l_0(x)$ 的零点,故必有 $l_0(x) = a(x-x_1)(x-x_2)$ 形式,a 为待定系数,又由于 $l_0(x_0) = 1$,代入此式解出 $a = \dfrac{1}{(x_0-x_1)(x_0-x_2)}$,从而得到 $l_0(x)$ 的表达式为:

$$l_0(x) = \frac{(x-x_1)(x-x_2)}{(x_0-x_1)(x_0-x_2)}$$

同理可得:

$$l_1(x) = \frac{(x-x_0)(x-x_2)}{(x_1-x_0)(x_1-x_2)}, \quad l_2(x) = \frac{(x-x_0)(x-x_1)}{(x_2-x_0)(x_2-x_1)}$$

根据以上讨论,我们得到二次插值多项式为:

$$L_2(x) = y_0 l_0(x) + y_1 l_1(x) + y_2 l_2(x) \tag{7-30}$$

称 $L_2(x)$ 为抛物线插值函数或二次插值多项式.

【例 7-2】 根据例 1 的数据,用抛物线法计算 $\sqrt{5}$ 的近似值.

解 选择与 $x=5$ 最近的三点 $x_0=1$,$x_1=4$,$x_2=9$ 为插值点,根据抛物线插值公式(7-30)有:

$$\sqrt{5} \approx L_2(5) = 1 \times \frac{(5-4)(5-9)}{(1-4)(1-9)} + 2 \times \frac{(5-1)(5-9)}{(4-1)(4-9)} + 3 \times \frac{(5-1)(5-4)}{(9-1)(9-4)}$$

$$\approx 2.67$$

3. 一般情形

一般的 n 次插值问题是构造条件 $L_n(x_k) = y_k$,$k = 0,1,2,\cdots,n$ 的次数不超过 n 的多项式. 与构造线性和二次插值多项式类似,n 次拉格朗日插值公式可表示成 n 次插值基函数 $l_0(x)$,$l_1(x)$,$\cdots$,$l_n(x)$ 的线性组合

$$L_n(x) = y_0 l_0(x) + y_1 l_1(x) + \cdots + y_n l_n(x) = \sum_{k=0}^{n} y_k l_k(x) \tag{7-31}$$

其中 $l_k(x)$ $(k=0,1,\cdots,n)$ 是 n 次多项式,且满足:

$$l_k(x) = \begin{cases} 1, & i=k \\ 0, & i \neq k \end{cases}$$

与前面推导类似,可以由上式得到 $l_k(x)$ 的具体表达式:

$$l_k(x) = \frac{(x-x_0)\cdots(x-x_{k-1})(x-x_{k+1})\cdots(x-x_n)}{(x_k-x_0)\cdots(x_k-x_{k-1})(x_k-x_{k+1})\cdots(x_k-x_n)}, \quad k=0,1,\cdots,n$$

为便于书写,引进记号:

$$w(x) = (x-x_0)(x-x_1)\cdots(x-x_n)$$

取 $w(x)$ 在 $x_k, k=0,1,\cdots,n$ 处的导数,得

$$w'(x) = (x-x_0)\cdots(x-x_{k-1})(x-x_{k+1})\cdots(x-x_n)$$

于是拉格朗日插值公式可写为:

$$L_n(x) = \sum_{k=0}^{n} y_k \frac{w(x)}{(x-x_k)w'(x_k)} \tag{7-32}$$

4. 分段插值

增加节点,用分段低次多项式插值的化整为零的处理方法称为分段插值. 也就是说不是去寻找整个插值区间上的一个高次多项式,而是把插值区间划分成若干个小区间,在每一个小区间上用低次多项式进行插值,在整个插值区间上就得到一个分段插值函数.

在分段插值中,用得较多的是线性插值.

设在区间 $[a,b]$ 上取 $n+1$ 个结点:

$$a = x_0 < x_1 < \cdots < x_n = b$$

在区间 $[a,b]$ 上有二阶导数的函数 $f(x)$ 在上列结点的值为

$$f(x_0) = y_0, f(x_1) = y_1, \cdots, f(x_n) = y_n$$

于是得到 $n+1$ 个数据点 (x_i, y_i)。联结相邻两点 (x_{i-1}, y_{i-1})、(x_i, y_i) 得 n 条线段,它们组成一条折线,把区间 $[a,b]$ 上这条折线表示的函数称为函数 $f(x)$ 关于这 $n+1$ 个数据点的分段插值函数,记为 $L(x)$。它有如下性质:

(1) $L(x)$ 可以用分段函数表示,$L(x_i) = f(x_i) = y_i$,在区间 $[a,b]$ 上 $L(x)$ 连续。

(2) $L(x)$ 在第 i 段区间 $[x_{i-1}, x_i]$ 上的表达式为:

$$L(x) = \frac{x-x_i}{x_{i-1}-x_i} y_{i-1} + \frac{x-x_{i-1}}{x_i-x_{i-1}} y_i, \quad x_{i-1} \leqslant x \leqslant x_i$$

由此构造插值基函数:

$$l_i(x) = \begin{cases} \dfrac{x-x_{i-1}}{x_i-x_{i-1}}, & x \in [x_{i-1}, x_i] \\[2mm] \dfrac{x-x_{i+1}}{x_i-x_{i+1}}, & x \in [x_i, x_{i+1}], \quad i=0,1,\cdots n \\[2mm] 0, & \text{其他} \end{cases} \tag{7-33}$$

则
$$l_i(x_j)=\begin{cases}1, & j=i\\0, & j\neq i\end{cases}$$

$$L(x)=\sum_{i=0}^{n}l_i(x)\cdot y_i$$

5.二维插值

二维插值是对含两个变量的函数 $z=f(x,y)$ 进行插值。

求解二维插值的基本思路是：构造一个二元函数 $z=f(x,y)$，通过全部已知节点，即 $f(x_i,y_j)=z_{ij}(i=0,1,\cdots,m;j=0,1,\cdots,n)$ 或 $f(x_i,y_i)=z_i(i=0,1,\cdots,n)$，再利用 $f(x,y)$ 插值，即 $z^*=f(x^*,y^*)$。

二维插值常见的可分为两种：网格节点插值和散乱数据插值。

(1)网格结点插值法

已知 $m\times n$ 个结点 (x_i,y_j,z_{ij}) $(i=0,1,\cdots,m;j=0,1,\cdots,n)$，其中 x_i,y_j 互不相同，不妨设 $a=x_0<x_1<\cdots<x_n=b,c=y_1<y_2<\cdots<y_n=d$，求任一插值点 $(x^*,y^*)[\neq(x_i,y_j)]$ 处的插值 z^*。

网格结点插值有以下三种形式：

形式一：最邻近点插值

二维或高维情形的最邻近插值，与被插值点最邻近的节点的函数值即为所求，如图 7-6(a)所示.

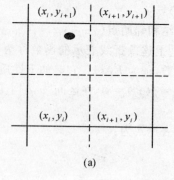 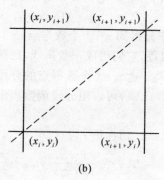

图 7-6　二维最邻近点插值与分片线性插值

形式二：分片线性插值

将四个插值点（矩形的四个顶点）处的函数值依次简记为：
$$f(x_i,y_j)=f_1,f(x_{i+1},y_j)=f_2,f(x_{i+1},y_{j+1})=f_3,f(x_i,y_{j+1})=f_4$$

分两片的函数表达式如下：

第一片（下三角形区域）：(x,y)满足

$$y \leqslant \frac{y_{i+1}-y_i}{x_{i+1}-x_i}(x-x_i)+y_i$$

插值函数为：

$$f(x,y)=f_1+(f_2-f_1)(x-x_i)+(f_3-f_2)(y-y_j)$$

第二片（上三角形区域）：(x,y)满足

$$y > \frac{y_{i+1}-y_i}{x_{i+1}-x_i}(x-x_i)+y_i$$

插值函数为：

$$f(x,y)=f_1+(f_4-f_1)(y-y_i)+(f_3-f_4)(x-x_i)$$

如图 7-6(b)所示.

形式三：双线性插值

双线性插值是由一片一片的空间二次曲面构成。双线性插值函数的形式如下

$$f(x,y)=Axy+Bx+Cy+D \quad (即(ax+b)(cx+d))$$

其中有四个待定系数，利用该函数在矩形的四个顶点（插值节点）的函数值，得到四个代数方程，正好确定四个系数。

(2)散乱数据插值法

在 $T=[a,b]\times[c,d]$ 上散乱分布 N 个点 $V_k=(x_k,y_k),k=1,2,\cdots,N$ 处给出数据 z_k，要求寻找 T 上的二元函数 $F(x,y)$，使

$$f(x_k,y_k)=z_k \quad (k=0,1,\cdots,N)$$

一个典型的容易想到的是"反距离加权平均"方法，又称之为 Shepard 方法。其基本思想是，在非给定数据的点处，定义其函数值由已知数据按与该点距离的远近作加权平均决定，记

$$r_k=\sqrt{(x-x_k)^2+(y-y_k)^2}$$

则二元函数（曲面）定义为：

$$F(x,y)=\begin{cases} z_k, & r_k=0 \\ \sum_{k=1}^{N}W_k(x,y)z_k, & r_k \neq 0 \end{cases} \qquad (7\text{-}34)$$

其中 $W_k(x,y)=\dfrac{1}{r_k^2}\Big/\sum_{k=1}^{N}1/r_k^2$.

上面 $W_k(x,y)$ 的计算很慢，人们适当取常数 $R>0$，令

$$w(\gamma)=\begin{cases}1/\gamma, & 0<\gamma<R/3\\ \dfrac{27}{4R}\left(\dfrac{\gamma}{R}-1\right)^2, & R/3<\gamma\leqslant R\\ 0, & \gamma>R\end{cases}$$

由于 $w(\gamma)$ 是可微函数,使得如下定义的 $F(x,y)$,在性能上有所改善:

$$F(x,y)=\sum_{k=1}^{N}W_k(x,y)z_k, \qquad W_k(x,y)=w(\gamma_k)\Big/\sum_{k=1}^{N}w(\gamma_k)$$

7.4 NBA 赛程分析

评价活动在社会生活的各个领域广泛存在,如工作绩效评价、行业经济效益评价、生活质量评价、人员素质评价、大气环境质量评价、海洋富营养化评价、竞争力评价等. 这些评价活动常常涉及多个影响因素或者指标,评价是在多个因素相互作用下的作出的一种综合判断,也就是需要将反映被评价事物的多项指标加以汇总,得到一个综合指标,以此从整体上反映被评价事物的整体情况. 综观近年的全国大学生数学建模竞赛题目,这类问题也是出现频频,如长江水质的评价和预测问题、雨量预报方法的评价问题、手机资费套餐评价问题、NBA 赛程分析与评价等. 随着科学技术的迅速发展,需要评价的系统日趋复杂,事物的属性更加多样化,原始的简单依照个人经验的评价方法逐渐被社会淘汰,取而代之的是科学评价方法,例如层次分析法、模糊综合评价法、灰色系统评价法、数据包络分析法、人工神经网络法等. 针对高职高专类学生知识结构特点,层次分析法及模糊综合评价法是比较适合的评价方法.

下面分别介绍这两种常用的建模方法.

1. 层次分析法

1977 年,美国运筹学家、匹兹堡大学教授萨迪(T . L. Satty)在第一届国际数学建模会议上报告了《无结构决策问题的建模——层次分析法》一文,宣告一种新的决策方法问世,这种方法将定性与定量相结合,系统化、层次化分析问题. 总的说来,层次分析法是对复杂问题作出决策的一种简明有效的方法.

层次分析法的基本思路是将复杂的问题分解成各个影响因素,然后把这些因素按支配关系分组形成有序的层次结构,并衡量各方面的影响,最后综合人的判断,以确定决策诸因素相对重要性的先后优劣次序. 它将人的思维过程层次化、数量化,并用数学方法为分析、决策、预报或控制提供定量的依据.

层次分析法的基本特征:其一是要有一个属性集的层次结构模型,它是层次分析法赖以建立的基础;其二是针对上一层某个准则,把下一层与之相关的各个不同公度的因素,通过对比,按重要性登记复值,从而完成从定性分析到定量分析的过渡.

运用层次分析法建立系统的数学模型时,大体分为以下四个步骤:

第一步,分析系统中各因素间的关系,建立系统的层次结构.这是层次分析法中关键的一步.一般来说,将问题的预定目标作为目标层,中间的层次一般是准则层(可包括子准则层),最低一层为决策的方案的决策层.通常,递阶结构的层次数与问题的复杂程度以及所要分析的详尽程度是分不开的.

第二步,对同一层次的各元素关于上一层次中某一准则的重要性进行两两比较,构造两两比较的因素判断矩阵(或成对比矩阵).在建立层次结构后,上、下层次之间的元素隶属关系就已确定.假定上一层次的元素 c_k 作为准则,对下一层次的因素 $y_1, y_2, \cdots, y_n$ 有支配关系,采用两两比较赋予元素 $y_1, y_2, \cdots, y_n$ 对 c_k 的权重.每次取两个元素 y_i 和 y_j,用 a_{ij} 表示 y_i 和 y_j 对 c_k 影响之比,a_{ij} 的数值由九级标度法确定,且 $a_{ji} = 1/a_{ij}$,全部比较结果可用因素判断矩阵 $A = (a_{ij})_{n \times n}$ 表示.

第三步,进行判断矩阵的一致性检验,并确定权重系数(一般,由最大特征值所对应的特征向量表示权重).

①计算因素判断矩阵 A 的一致性指标 CI. 公式为:$CI = \dfrac{\lambda_{\max} - n}{n-1}$,其中 $\lambda_{\max}$ 是 A 的最大特征值.

②查询平均随机一致性指标 RI,如表 7-2 所示.

表 7-2 平均随机一致性指标

指标数 n	1	2	3	4	5	6	7	8	9
RI	0	0	0.58	0.9	1.12	1.24	1.32	1.41	1.45

③计算一致性比例 CR. 公式为:$CR = \dfrac{CI}{RI}$.

理论表明,当 $CR < 0.1$ 时,一般认为判断矩阵 A 的一致性可以接受;否则就需要重新进行成对比较,对 A 加以调整,使之具有满意的一致性.

第四步,通过综合计算给出决策层对目标层影响的权重,权重最大的方案即为实现目标的最优选择.

2. 模糊综合评价法

在现实生活中,存在许多不确定性的现象,模糊性就是其中之一. 所谓模糊,是指边界不清楚,在质上没有确切的含义,在量上没有明确的界限. 这种边界不清的模糊概念不是由人的主观认识达不到客观实际所造成的,而是事物的一种客观属性,是事物的差异之间存在着中间过渡过程的结果.

我们知道,普通集合论只能表示确定的关系,即"非此即彼"的现象. 而在现实生活中,存在着某些用普通集合无法表示的概念,如"年轻"和"年老","高"与"矮","胖"与"瘦"等,我们将这种概念称为模糊概念. 换句话说,概念之间具有"亦此亦彼"的性质. 在模糊数学理论体系中,用模糊集合表示模糊性概念的集合,又称模糊集、模糊子集. 这一概念是美国加利福尼亚大学控制论专家查德于 1965 年首先提出的. 隶属度的定义如下:

若对论域(研究的范围)U 中的任一元素 x,都有一个数 $A(x) \in [0,1]$ 与之对应,则称 A 为 U 上的模糊集,$A(x)$ 称为 x 对 A 的隶属度. 当 x 在 U 中变动时,$A(x)$ 就是一个函数,称为 A 的隶属函数. 隶属度 $A(x)$ 越接近于 1,表示 x 属于 A 的程度越高,$A(x)$ 越接近于 0 表示 x 属于 A 的程度越低. 用取值于区间 $[0,1]$ 的隶属函数 $A(x)$ 表征 x 属于 A 的程度高低. 模糊综合评判作为模糊数学的一种具体应用方法,最早是由我国学者汪培庄提出的. 它主要分为两步:首先按每个因素单独评判;其次再按所有因素综合评判. 其特点在于评判逐对进行,对被评对象有唯一的评价值,不受被评价对象所处对象集合的影响. 其优点是:数学模型简单,容易掌握,对多因素、多层次的复杂问题评判效果较好. 模糊综合评价就是应用模糊变换原理和最大隶属度原则,考虑被评价事物相关的各个因素,对其做出综合评价. 该方法的数学模型如下:

(1)确定评价因素集合 $U = \{u_1, u_2, \cdots, u_m\}$,其中 $u_i (i=1,2,\cdots,m)$ 为评价因素,m 是同一层次上单个因素的个数,集合 U 构成了评价体系的框架.

(2)确定评价结果集合 $V = \{v_1, v_2, \cdots, v_n\}$,其中 $v_j (j=1,2,\cdots,n)$ 为评价结果,n 是等级数或评语档次数. 集合 V 规定了某一评价因素的评价结果的选择范围. 这个结果集合中的元素既可以是定性的,也可以是定量的数值.

(3)确定隶属度矩阵 R.

若对第 i 个评价因素 u_i 进行单因素评价得到一个相对于 v_j 的一个模糊向量:$R_i = (r_{i1}, r_{i2}, \cdots, r_{in})$,$i=1,2,\cdots,m$. 其中,$r_{ij}$ 表示因素 u_i 具有 v_j 的程

度. 若对 n 个元素进行综合评价，其结果就是一个 n 行 m 列的矩阵，称之为隶属度矩阵 R.

（4）确定权重向量 $W = \{w_1, w_2, \cdots, w_m\}$，其中，$w_i(i = 1, 2, \cdots, m)$ 表示因素 $u_i(i = 1, 2, \cdots, m)$ 的重要程度，即权重，它满足如下条件：$\sum\limits_{i=1}^{m} w_i = 1$.

（5）得到最终的评价结果 B.

权重向量 W 与隶属度矩阵 R 的合成就是最终评价结果，即：$B = W \otimes R = (b1, b2, \cdots, bn)$，其中，$\otimes$ 表示某种合成算子，一般根据实际情况选取"与"、"或"算子，或者将两种类型的算子搭配使用. 最简单最常用的算子是普通的矩阵乘法，即对评价因素进行加权平均. 尽管综合评价有许多种具体的方法，但是其总体思路都是统一的，即确定评价对象的影响因素指标体系，确定各个指标的权重，建立评价数学模型，分析评价结果等. 其中，确定影响因素指标体系及确定各指标权重是关键环节.

根据上面的分析，我们知道如果利用定性化的数据表示判断矩阵及隶属度矩阵，并且因素指标及权重系数相同，那么，层次分析法及模糊综合评判法异曲同工，结果一致.

下面以 2008 年全国大学生数学建模竞赛 D 题（NBA 赛程分析与评价）为例进行具体建模计算.

问题：对于 NBA 这样一个规模庞大的赛事，编制一个完整的、对各队尽可能公平的赛程安排是一件很复杂的事情，赛程安排的好坏，直接影响到了球队水平的发挥. 因此，对于编排赛程的人来说，就要考虑有哪些影响赛程的因素，并且建立数学模型，评价赛程利弊的数量指标. 根据建立的数学模型，分析赛程对火箭队的利弊，并给出选取同部不同区之间赛 3 场的球队的方法.

3.1　NBA 赛程评价

首先，确定影响因素指标，构建层次结构.

在选择因素指标的时候应遵循以下一些原则：指标宜少不宜多，应具有独立性、代表性，有可靠的数据来源，易于操作. 针对本问题，赛程安排公平性与否一般主要考虑对手实力情况、比赛时间分布情况、赛场氛围激励情况、由于旅途奔波及进行比赛后体力修正恢复情况等，故而主要考虑以下四个量化因素：

1. 背靠背因素

狭义的"背靠背"特指连续作战两个晚上在不同客场迎战不同对手，广义的"背靠背"可以理解为连续两个晚上在不同场地迎战不同对手. 这里使用广义的背靠背概念，用整个赛程中球队遇到背靠背情况的次数来衡量背靠背因素对球队 n 的影响 $BB(n)$ 即：

$$BB(n) = |\{m \mid t_{n,m+1} - t_{n,m} = 1, \ m = 1,2,\cdots,81\}|$$

其中，$t_{n,m}$ 表示第 n 支球队与第 m 支球队比赛时间.

2. 连续客场作战因素

如果说"背靠背"是一个球队发挥好坏的重要指标之一，那么连续客场作战也必将成为关系球队胜率的另一杀手. 客场连续作战不考虑比赛天数是否相连，但连续的客场作战使球队往返奔波于其他球队的主场之间，对体力和精神意志都是巨大的考验. 这里用连续两场客场作战在赛程安排中的次数来衡量连续客场作战对球队 n 的影响 $AA(n)$，即：

$$AA(n) = |\{m \mid H_{n,m} = 0 \text{ and } H_{n,m+1} = 0, \ m = 1,2,\cdots,81\}|$$

其中，$H_{n,m} = \begin{cases} 0, & n \text{ 球队处于客场} \\ 1, & n \text{ 球队处于主场} \end{cases}$

3. 比赛时间间隔因素

纵观往年赛季的赛程安排日期表，都会令一些球队不满意. 有些球队被安排的日期前松后紧，或前紧后松，这些因素都会影响球员的发挥，使得球员的体力消耗不均匀，影响比赛成绩. 记录球队 n 每相邻两场比赛之间的间隔时间为 $t_{n,m}^{(\text{int})} = t_{n,m+1} - t_{n,m}(1, \ m = 1,2,\cdots,81)$，用间隔时间的方差来表示比赛时间间隔因素对球队 n 的影响 $IN(n)$，即：

$$IN(n) = \sigma_m\left[t_{n,m}^{(\text{int})}\right]$$

其中 σ_m 表示以 m 为变量求取方差.

4. 连续遭遇强队因素

连续遭遇强队是限制球队发挥的另一个决定因素，由于在面对强队比赛时，队员的体力消耗很大，势必影响下一场比赛的状态，如果连续面对强队比赛，对球队是一个非常严峻的考验. 首先我们定义上赛季常规赛胜率 $W(n)$ 大于某一阈值 W_{th} 的球队为强队，用在整个赛程中连续两次遭遇强队的次数来衡量连续遭遇强队对球队的影响 $S(n)$，即：

$$S(n) = |\{m \mid W(O_{n,m}) > W_{th} \text{ and } W(O_{n,m+1}) > W_{th}, \ m = 1,2,\cdots,81\}|$$

综合上面的分析，做出层次分析结构如图 7-7 所示：

另外一点需要注意的是，要对评价指标类型进行一致化处理. 因为有些

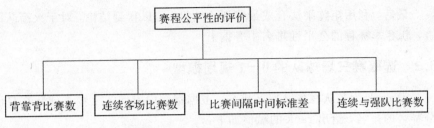

图 7-7　赛程公平性影响因素

指标是正指标,有些是逆指标;而且有些是定量的,有些是定性的,即使都是定量指标,数据的属性值范围也不尽相同. 所以在指标处理中,要保证各个指标之间的可比性,进行评价指标属性值的归一化处理. 具体方法如下:

(1)正、逆指标的处理方法

一般的,影响因素指标对评价对象的作用分为正影响及逆影响两种. 如将这两类指标混为一谈,分析出的综合指标就没有任何意义. 常用的统一正、逆指标的方法有最大值做差法及倒数法.

(2) 定量指标的属性值规范化

首先,有 n 个评价对象,记 Y_i 是第 i 个评价对象属性数值,设 X_i 是 Y_i 的规范化属性值($i=1,2,\cdots,n$),故有:

$$X_i = \frac{Y_i - \min\{Y_i\}}{\max\{Y_i\} - \min\{Y_i\}}$$

其次,对同一层次的各元素关于上一层次中某一准则的重要性进行两两比较,构造两两比较的判断矩阵(或成对比矩阵),并进行一致性检验.

根据专家评论等得出一个关于背靠背、连续客场作战、时间间隔、强强相遇四种因素的判断矩阵. 矩阵如下:

$$A = \begin{Bmatrix} 1 & 3 & 1 & 1/3 \\ 1/3 & 1 & 1/5 & 1/3 \\ 1 & 5 & 1 & 3 \\ 3 & 3 & 1/3 & 1 \end{Bmatrix}$$

再次,对各因素做出权重分析.

通过计算判断矩阵 A 的最大特征值所对应的特征向量,并进行归一化,给出 4 个因素对于评判赛程公平性的权重系数. 这步非常关键,权重的确定是层次分析法以及模糊综合评价方法的核心. 例如,本例中,由 A 矩阵得到的权重系数如下:

$$W = (0.2142, 0.0733, 0.4216, 0.2909)$$

最后，利用矩阵乘法合成最终评价结果. 可以得到结论，对于火箭队而言，新赛季赛程的公平性排名中等偏上.

3.2 选取赛三场球队的 0—1 规划模型

设 rank 为各队在各队赛区排名，根据赛题中附件 2 上赛季球队在自己分赛区的排名，给出 rank 的赋值如下：

$$\text{rank}=(1,2,\cdots,5,1,2,\cdots,5,1,2,\cdots,5)$$

设 x_{ij} 表示第 i 个队和第 j 个队是否比赛. 若 $x_{ij}=1$ 则表示第 i 个队和第 j 个队打了 3 场比赛；若 $x_{ij}=0$ 则表示第 i 个队和第 j 个队打了 4 场比赛.

由此定义此规划问题的目标函数为：

$$\min = \sum_i \left[\frac{\sum_j x_{ij} \cdot \text{rank}(j)}{4} - 3 \right]^2$$

$\sum_j x_{ij} \cdot \text{rank}(j)$ 得出各支球队所选打 3 场比赛的球队排名总和，再求平均值，得出所选打 3 场比赛球队排名的平均排名. 由于排名为赛区排名，只有 1 至 5 名，因此，平均排名为 3 对每支球队都公平有利，求出的平均值和 3 进行比较.

其约束条件为：

(1)由于第 i 个队和第 j 个队打比赛和第 j 个队和第 i 个队打比赛是同一场比赛，所以：

$$x_{ij}=x_{ji}(i,j=1,2,\cdots15)$$

(2)因为每支球队只能和 4 支球队打 3 场比赛，故：

$$\sum_j x_{ij} = 4 \ (i=1,2,\cdots,15)$$

$$\sum_i x_{ij} = 4 \ (j=1,2,\cdots,15)$$

(3)根据每支球队与同区的每球队赛 4 场，因此，

$$x_{ij}=0(i,j=1,2,\cdots,5)$$
$$x_{ij}=0(i,j=6,7,\cdots,10)$$
$$x_{ij}=0(i,j=11,12,\cdots,15)$$

综上所述，建立 0—1 规划模型如下：

$$\min = \sum_i \left[\frac{\sum_j x_{ij} \cdot rank(j)}{4} - 3 \right]^2$$

s. t. $\quad x_{ij} = 0,1 (i,j = 1,2,\cdots,15)$

$x_{ij} = x_{ji} (i,j = 1,2,\cdots 15)$

$\sum_j x_{ij} = 4 \ (i = 1,2,\cdots,15)$

$\sum_i x_{ij} = 4 \ (j = 1,2,\cdots,15)$

$x_{ij} = 0 (i,j = 1,2,\cdots,5)$

$x_{ij} = 0 (i,j = 6,7,\cdots,10)$

$x_{ij} = 0 (i,j = 11,12,\cdots,15)$

　　两支球队进行 3 场比赛，固然要考虑到主客场的分配情况，即"2 主 1 客"或者"2 客 1 主"．具体操作方法是根据所选的 4 队排名高低，最高排名和最低排名为一组，它们有相同的主客场数．（例如 4 级队伍排名分别为 1，2，4，5，则 1 和 5 同时为 2 主 1 客，2 和 4 则相反．）如果有相同排名的两队，首先按如上分组，相同排名的球队根据打两次 2 主 1 客和两次 2 客 1 主来权衡分布．（注：排名为 1，3，3，5 时，直接依照上述方法，排名 1，5 的两队为一组，排名 3，3 的两队为一组）

　　下面将 Lingo 软件求解结果情况如图 7-8 所示（其中有五角星代表两队有三场比赛．"★"表示两主一客；"☆"表示两客一主）：

	1	2	3	4	5	6	7	8	9	10	11	12	13	14	15
1								★			☆		★		☆
2				★			☆	☆						★	
3							☆				★	★		☆	
4							☆				★	☆			★
5						★	☆		★					☆	
6		☆			☆							★		★	
7			★		★							☆	☆		
8	☆	★		★											☆
9		★									☆		☆	★	
10			☆		☆							★	★		
11	★						★								
12			★		☆	★				☆					
13	☆					★		★	☆						
14		☆	★		★	☆									
15	★			☆				★	☆						

图 7-8　用 Lingo 软件求解结果

4. 总结

相对于被评价目标来说，评价指标之间的相对重要性一般是不同的，而这种重要性的相对大小可以用权重系数来刻画. 指标的权重系数即是指标对总目标的贡献程度. 很显然，当被评价对象及评价指标都确定的时候，综合评价的结果仅依赖于权重系数. 权重系数的选取合理与否直接关系到最终评判结果的可信赖程度. 常用的确定权重系数的方法有如下两种：

①经验加权，也称定性加权. 其优点是由专家直接评估，简便易行.

②数学加权，也称定量加权. 它以经验为基础，数学原理为背景，具有较强的科学性.

综合评价方法的思路大致分为确定评价对象的影响因素指标体系，确定各个指标的权重，建立评价数学模型，分析评价结果等. 其中，确定影响因素指标体系及确定各指标权重是关键环节，而不要过分拘泥于评价方法的选择.

NBA 赛程中赛 3 场比赛的安排问题本质上就是一类任务分配问题，灵活使用 0－1 规划，并借助 Lingo 软件求解，可以得到比较理想的结果.

7.5 学生质量综合评价

目前，对学生质量的评价，主要从德育、智育、体育、能力和英语四级五个方面单项进行，而如何根据学生这五方面的成绩给出一个综合评价？主成分法已成为一种较新的评价方法. 它充分考虑了各指标之间的信息重叠，能够最大限度地在保留原有信息的基础上，对高维变量进行最佳的综合降维，且更客观地确定各个指标的权重，避免了主观随意性，提高学生综合评价的科学性、客观性及合理性.

7.5.1 问题提出

表 7-3 给出了××大学工程专业××班 20 名学生的德育、智育、体育、能力和英语四级五项指标得分. 选用具有代表性的德育、智育、体育、能力和英语四级等五个反映学生质量的因素作为综合评价指标. 如何对这 20 名学生质量进行综合评价？

表 7-3　五项指标值

学生编号	德育(X_1)	智育(X_2)	体育(X_3)	能力(X_4)	英语(X_5)
S_1	2.43	3.8724	88	91	390
S_2	2.56	3.3474	76	79	387
S_3	2.65	5.0109	96	89	411
S_4	2.13	3.9987	88	82	477
S_5	2.32	2.0132	94	65	337
S_6	2.43	2.7434	69	75	452
S_7	2.45	1.6500	86	63	312
S_8	2.43	1.8711	81	65	432
S_9	2.12	4.5080	88	88	418
S_{10}	2.43	4.4132	91	82	440
S_{11}	2.15	1.1843	70	72	327
S_{12}	2.37	2.9843	90	75	386
S_{13}	2.65	5.8359	97	93	562
S_{14}	2.34	2.7395	86	67	370
S_{15}	2.43	1.8395	75	61	332
S_{16}	2.53	1.8080	87	72	350
S_{17}	2.35	1.3580	70	63	339
S_{18}	2.54	1.4232	77	68	369
S_{19}	2.37	3.0395	97	76	353
S_{20}	2.59	3.9236	89	86	452

7.5.2　建模方法

相关系数(correlation coefficient)是度量两个变量之间线性相关的方向和强度的测度,常用的度量指标是皮尔逊(pearson)相关系数. 相关系数可以具体度量变量之间的相关关系的密切程度,并且用一个相对数的数值表述出来,使之具有直接的可比性.

一般用样本统计量 r 来估算相关系数。皮尔逊相关系数计算公式为

$$r = \frac{\sigma_{xy}^2}{\sigma_x \sigma_y}$$

式中,r 表示相关系数,σ_{xy}^2 表示 x 与 y 的协方差,σ_x,σ_y 分别表示变量 x

与 y 的标准差.

由于

$$\sigma_{xy}^2 = \frac{\sum(x-\bar{x})(y-\bar{y})}{n-1}; \quad \sigma_x = \sqrt{\frac{\sum(x-\bar{x})^2}{n-1}};$$

$$\sigma_y = \sqrt{\frac{\sum(y-\bar{y})^2}{n-1}}$$

所以,相关系数为

$$r = \frac{\sigma_{xy}^2}{\sigma_x \sigma_y} = \frac{\sum(x-\bar{x})(y-\bar{y})}{\sqrt{\sum(x-\bar{x})^2}\sqrt{\sum(y-\bar{y})^2}}$$

我们选用与相关系数有关的主成分分析法来建立数学模型.

7.5.3 假设

学生对象有 n 个,记第 i 个学生 p 个指标分别为:$x_{i1}, x_{i2}, \cdots, x_{ip}$,则所有 n 个对象 p 个指标的观察值可以表示成以下矩阵:

$$X = \begin{bmatrix} x_{11} & x_{12} & \cdots & x_{1p} \\ x_{21} & x_{22} & \cdots & x_{2p} \\ \vdots & \vdots & \vdots & \vdots \\ x_{n1} & x_{n2} & \cdots & x_{np} \end{bmatrix}$$

其中,n 为学生数,p 为指标或变量数.

7.5.4 建模和求解

对 20 名学生的 5 个指标的数据按(7-35)式进行标准化处理,结果如表 7-4 所示.

$$x'_{ik} = \frac{x_{ik} - \bar{x}_k}{s_k}. \quad i=1,2,\cdots,n; \ k=1,2,\cdots,p \tag{7-35}$$

式中

$$\bar{x}_k = \frac{1}{n}\sum_{i=1}^{n} x_{ik}, \quad s_k = \sqrt{\frac{1}{n-1}\sum_{i=1}^{n}(x_{ik}-\bar{x}_k)^2}$$

标准化处理后,变量或指标的方差为 1,均值为 0.

表 7-4 标准化处理结果

学生编号	德育(X_1)	智育(X_2)	体育(X_3)	能力(X_4)	英语(X_5)
S_1	0.1067	0.6633	1.5025	1.5052	−0.0852
S_2	0.9471	0.2741	0.3323	0.3323	−0.1339
S_3	1.5289	1.5074	1.3097	1.3097	0.2556
S_4	−1.8327	0.7570	0.6255	0.6255	1.3265
S_5	−0.6044	−0.7151	−1.0361	−1.0361	−0.9452
S_6	0.1067	−0.1737	−0.0586	−0.0586	0.9209
S_7	0.2360	−0.9844	−1.2315	−1.2315	−1.3509
S_8	0.1067	−0.8205	−1.0361	−1.0361	0.5963
S_9	−1.8973	1.1346	1.2120	1.2120	0.3692
S_{10}	0.1067	1.0643	0.6255	0.6255	0.7261
S_{11}	−1.7034	−1.3297	−1.6248	−0.3519	−1.1075
S_{12}	−0.2812	0.0049	0.5783	−0.0586	−0.1501
S_{13}	1.5289	2.1191	1.3494	1.7007	2.7058
S_{14}	−0.4751	−0.1766	0.1377	−0.8406	−0.2637
S_{15}	0.1067	−0.8439	−1.0740	−1.4270	−1.0263
S_{16}	0.7531	−0.8672	0.2479	−0.3519	−0.7342
S_{17}	−0.4105	−1.2009	−1.6248	−1.2315	−0.9127
S_{18}	0.8178	−1.1600	−0.8537	−0.7428	−0.4259
S_{19}	−0.2812	0.0458	1.3494	0.0391	−0.6856
S_{20}	1.1410	0.7013	0.4682	1.0165	0.9209

根据表 7-4 中的数据,按(7-36)式算出五项指标的相关系数矩阵 R,如(7-37)式.

$$r_{ij} = \sum_{k=1}^{n} \frac{x'_{ki} x'_{kj}}{n-1}. \quad i,j = 1,2,\cdots,p \qquad (7\text{-}36)$$

$$R = \begin{bmatrix} r_{11} & r_{12} & \cdots & r_{1j} & \cdots & r_{1p} \\ r_{21} & r_{22} & \cdots & r_{2j} & \cdots & r_{2j} \\ \vdots & \vdots & \vdots & \vdots & & \vdots \\ r_{i1} & r_{i2} & \cdots & r_{ij} & \cdots & r_{ip} \\ \vdots & \vdots & \vdots & \vdots & & \vdots \\ r_{p1} & r_{p2} & \cdots & r_{pj} & \cdots & r_{pp} \end{bmatrix}$$

$$R = \begin{bmatrix} 1.0000 & 0.2357 & 0.1971 & 0.1875 & 0.2323 \\ 0.2357 & 1.0000 & 0.6342 & 0.9040 & 0.7792 \\ 0.1971 & 0.6342 & 1.0000 & 0.5032 & 0.3226 \\ 0.1875 & 0.9040 & 0.5032 & 1.0000 & 0.6926 \\ 0.2323 & 0.7792 & 0.3226 & 0.6929 & 1.0000 \end{bmatrix} \tag{7-37}$$

从相关系数矩阵 R 出发,计算各主成分的特征值、方差贡献率、累计贡献率和特征向量,结果如表 7-5 所示.

表 7-5　特征值及其特征向量

主成分	特征值	贡献率	累计贡献率	特征向量				
				X_1	X_2	X_3	X_4	X_5
F_1	3.0471	0.6094	0.6094	0.2032	0.5555	0.3942	0.5208	0.4728
F_2	0.9171	0.1834	0.7928	0.9738	−0.1256	−0.0050	−0.1740	−0.0753
F_3	0.6986	0.1397	0.9326	−0.0606	−0.0208	0.8450	−0.1254	−0.5159
F_4	0.2766	0.0553	0.9879	−0.0820	−0.1388	0.3025	−0.6578	0.6707
F_5	0.0606	0.0121	1.000	0.0040	−0.8099	0.1976	0.5001	0.2342

于是得五个主成分与标准化变量的关系为

$$F_1 = 0.2032X_1 + 0.5555X_2 + 0.3942X_3 + 0.5208X_4 + 0.4728X_5$$
$$F_2 = 0.9738X_1 - 0.1256X_2 - 0.0050X_3 - 0.1740X_4 - 0.0753X_5$$
$$F_3 = -0.0606X_1 - 0.0208X_2 + 0.8450X_3 - 0.1254X_4 - 0.5159X_5$$
$$F_4 = -0.0820X_1 - 0.1388X_2 + 0.3025X_3 - 0.6578X_4 + 0.6707X_5$$
$$F_5 = 0.0040X_1 - 0.8099X_2 + 0.1976X_3 + 0.5001X_4 + 0.2342X_5$$

$$\tag{7-38}$$

由表 7-5 可知,前三个主成分 $F_1 \sim F_3$ 的累积贡献率为 93.26%,满足 $\geqslant$ 85% 的条件,因此可以用前三个主成分进行综合评价.

在第一主成分 F_1 的表达式中,X_2,X_4,X_5 指标上有较高的载荷系数,可经较好地反映学生的智育、能力和英语水平.在第二主成分 F_2 的表达式中,X_1 的载荷系数较大,可较好地反映学生的智育水平.在第三主成分 F_3 的表达式中,X_3 的载荷系数最大,是学生体育素质方面的反映.例如,某个学生第一主成分得分较高,则说明其智育、能力和英语水平较高,可以在以后的学习生活中着力提高德育和体育水平.若第二主成分得分较高,则说明其德育水平较高,可加强智育、体育、能力和英语水平的成绩,依此类推.因此,选用前三个主成分即可对学生德育、智育、体育、能力和英语水平进行综合评价,其综合评价函数如下:

$$F = \sum_{i=1}^{3} \lambda_i F_i = 0.6094F_1 + 0.1834F_2 + 0.1397F_3 \qquad (7\text{-}39)$$

其中,λ_i 为 F_i 的方差贡献率.

在(7-38)式中,F_1,F_2,F_3 前面的系数为其所对应的表 7-5 中的方差贡献率.按系列公式(7-38)可计算出 5 个主成分得分,根据 5 个主成分得分,按(7-39)式即可计算出每位学生的综合得分(F 值)以及按得分顺序排定的名次,如表 7-6 所示.

表 7-6　各主成分得分及综合得分

学生编号	F_1	F_2	F_3	F	排序
S_1	0.7304	-0.2472	0.1644	0.4227	6
S_2	0.0427	0.8822	-1.0172	0.0457	9
S_3	1.3975	1.0924	0.7502	1.1568	2
S_4	0.6543	-2.1826	-0.4365	-0.0626	12
S_5	-0.6330	-0.2636	1.8306	-0.1783	13
S_6	-0.2027	0.0786	-2.3170	-0.4328	18
S_7	-0.9880	0.6982	1.1651	-0.3113	15
S_8	-0.4895	0.3596	-0.6175	-0.3186	16
S_9	0.6826	-2.3291	0.0617	-0.0026	11
S_{10}	0.8899	-0.2054	0.1198	0.5214	5
S_{11}	-1.3933	-1.3983	-0.7498	-1.2103	20
S_{12}	0.0413	-0.2671	0.7064	0.0748	8
S_{13}	2.3974	0.7480	-0.7245	1.4969	1
S_{14}	-0.4026	-0.2873	0.4670	-0.2328	14
S_{15}	-1.2024	0.5647	-0.2250	0.6606	4
S_{16}	-0.4362	0.9999	0.7235	0.0186	10
S_{17}	-1.4115	0.0440	-0.8349	-0.9687	19
S_{18}	-0.8037	1.1565	-0.5192	-0.3502	17
S_{19}	0.1125	-0.2522	1.8008	0.2739	7
S_{20}	1.0144	0.8087	-0.3478	0.7179	3

思考:为什么表7-6中第一行没有 F_4 和 F_5 了?

7.5.5 回答问题

在表7-6中,综合得分为负数时,表明该生的质量居班级平均水平之下,按综合得分大小排序,就可得到每个学生在班级中的名次,具体结果见表7-6中的最后一列.显然,依据综合得分的排名是科学的,用它来评价学生比原始总分要好,因为各原始分数由于其性质不同,一般不能简单相加.

7.5.6 结论

多指标的综合评价一方面增加了评价工作量,另一方面势必淡化主要的指标作用.为此,需要从现有指标中精选出若干个主要的具有代表性的指标,但人为地精选指标难免带有主观随意性,可能丢失部分有价值的原始信息.因此,必须对所考虑的众多指标利用统计学方法经过正交化处理,使其成为少数几个相互独立的综合指标,再根据这些指标来进行评价,而主成分分析正好为实现这一思路提供了十分有效的数学方法.

主成分分析以少数的综合指标取代原有的多个指标,使得数据结构大大简化,并且综合指标具有较强的综合信息、解释实际意义的能力.主成分分析法可以客观地确定权重,避免了主观随意性,因而使得评价结果具有科学性、客观性和公正性.如上例中学生的德育、智育、体育、能力和英语四级五个方面的信息,可以用三个主成分来反映,其信息损失率仅为 6.74%,因而可用这三个主成分全面对学生进行综合评价,综合评价结果能够使学生清楚地知道自己在班级中所处位置,找出自己的不足,激发同学们奋发向上的热情.同时主成分分析法所得到的结果,还可以为老师和教学管理部门提供更为客观的参考依据.

思考与练习7

1. 在12小时内,每1小时(h)测量一次温度,温度依次为:5,8,9,15,25,29,31,30,22,25,27,24.试估计在 3.2、6.5、7.1、11.7 小时时的温度值.

2. 在某海域测得一些点(x,y)处的水深 z 由下表7-7给出.在矩形区域 $(75,200)*(-50,150)$ 内画出海底曲面的图形.(可参阅赵静,但琦主编《数学建模与数学实验》)

表 7-7 海底面坐标

X	129	140	103.5	88	185.5	195	105	157.5	107.5	77	81	162	162	117.5
Y	7.5	141.5	23	147	22.5	137.5	85.5	−6.5	−81	3	56.5	−66.5	84	−33.5
z	4	8	6	8	6	8	8	9	9	8	8	9	4	9

3. 试用柯西分布确定＜年轻＞和＜年老＞的隶属函数（即选取适当的参数 a, α, β），并由此确定＜中年人＞的隶属函数.

4. 设：

ξ：小雨与中雨的分界点；

η：中雨与中雨的分界点；

且分别满足如下分布

$$\xi \sim N(1,4), \quad \eta \sim N(2,4)$$

试用三分法确定小雨、中雨与大雨三个模糊概念的隶属函数.（可参考杨纶标编著《模糊数学》）

5. （2010CUMCM D 题）对学生宿舍设计方案的评价：学生宿舍事关学生在校期间的生活品质，直接或间接地影响到学生的生活、学习和健康成长. 学生宿舍的使用面积、布局和设施配置等的设计既要让学生生活舒适，也要方便管理，同时要考虑成本和收费的平衡，这些还与所在城市的地域、区位、文化习俗和经济发展水平有关。因此，学生宿舍的设计必须考虑经济性、舒适性和安全性等问题.

经济性：建设成本、运行成本和收费标准等.

舒适性：人均面积、使用方便、互不干扰、采光和通风等.

安全性：人员疏散和防盗等.

附件（请读者自己上网查找）是四种比较典型的学生宿舍的设计方案.请你们用数学建模的方法就它们的经济性、舒适性和安全性作出综合量化评价和比较.

6. 某班要选出 2 位同学上报学院参加当年国家助学奖学金评选，经初选有以下 4 位同学入围. 这 4 位同学上、下两学期的德育分、智力分、能力分、勤俭节约分，以及下学期比上学期上升名次见下表 7-8 所示：

表 7-8　候选人基本得分情况

候选人	上升名次		德育分		智力分		能力分		勤俭节约分	
	X_{11}	X_{21}	X_{12}	X_{22}	X_{13}	X_{23}	X_{14}	X_{24}	X_{15}	X_{25}
L_2	1	4	7	5	6	7	7	7	7	7
L_4	1	1	6	7	2	5	5	5	2	2
T_1	1	5	3	6	5	4	6	4	5	7
T_2	1	7	4	6	4	2	2	4	7	7
T_3	1	6	2	2	3	1	3	4	4	7
T_4	1	3	5	7	7	6	4	7	2	7
T_5	1	2	1	1	1	3	1	4	4	2

试仅根据以上资料(X_{11} 为起点值,假设一样),你确定哪 2 位同学上报学院?

7. 下表 7-9 是学院×系 20 名被抽查教师的教学方面评价原始资料和常用的求和法结果。请你分析这种方法的利弊,并用数学建模方法重新对这些教师的教学质量进行评价。要求尽量不重叠信息,又尽量减少信息的损失。

表 7-9　八项指标值及原始总分排名

教师编号	生评教	座谈会	听课	教案抽查	作业抽查	教学效果	教学基本建设	督导评价	总分	名次
S1	19.51	9.93	19.4	9.6	9.33	19	9.55	9.4	105.72	1
S2	18.14	9.28	18.87	9.95	10	19.8	10	9.4	105.44	2
S3	18.62	9.23	18.81	9.85	9.55	19.8	9.7	9	104.56	3
S4	19.96	8.83	17.85	9.6	9.15	19.4	9.4	8.7	102.88	4
S5	15.74	8.95	19	9.75	9.55	19.4	10	9.4	101.79	5
S6	18.97	9.57	18.08	9.35	9	19	8.75	8.9	101.62	6
S7	18.66	9.33	17.57	9.35	9.2	19	9.3	8.9	101.31	7
S8	18.47	8.73	18.25	9	9	19.8	9	9	101.25	8
S9	16.95	9.02	18.34	9.2	9	19.8	9.55	8.9	100.76	9
S10	19.23	9.16	17.72	9.35	7.85	19	9.35	8.9	100.56	10

续　表

教师编号	生评教	座谈会	听课	教案抽查	作业抽查	教学效果	教学基本建设	督导评价	总分	名次
S11	17.68	8.95	17.87	9.7	9.65	17.8	9.4	8.7	99.75	11
S12	15.04	9	18.2	9.85	9.55	19.4	9.7	8.5	99.24	12
S13	16.04	8	18	9.35	9.33	19.8	9.65	9	99.16	13
S14	15.40	9.03	18	9.5	9.15	19.8	9.4	8.7	98.98	14
S15	17.95	9	18.15	8.5	9.1	18.2	8.25	8.8	97.95	15
S16	18.99	9	17.67	8.85	8.05	17.2	8.6	8.6	96.95	16
S17	16.68	9	17.7	9.35	8.15	18	8.9	9.1	96.88	17
S18	17.69	9.3	17.17	9.4	7.85	18	8.2	8.5	96.10	18
S19	16.06	9.03	18.13	9.35	7.85	18	8.1	9	95.52	19
S20	14.82	8.93	18	9.35	7.7	18.2	8.15	8.7	93.85	20

附录:优秀论文欣赏

CUMCM-2006　C 题

易拉罐形状和尺寸的最优设计

我们只要稍加留意就会发现销量很大的饮料（例如饮料量为 355 毫升的可口可乐、青岛啤酒等）的饮料罐（即易拉罐）的形状和尺寸几乎都是一样的。看来,这并非偶然,这应该是某种意义下的最优设计。当然,对于单个的易拉罐来说,这种最优设计可以节省的钱可能是很有限的,但是如果是生产几亿,甚至几十亿个易拉罐的话,可以节约的钱就很可观了。

现在就请你们小组来研究易拉罐的形状和尺寸的最优设计问题。具体说,请你们完成以下的任务:

1. 取一个饮料量为 355 毫升的易拉罐,例如 355 毫升的可口可乐饮料罐,测量你们认为验证模型所需要的数据,例如易拉罐各部分的直径、高度,厚度等,并把数据列表加以说明;如果数据不是你们自己测量得到的,那么你们必须注明出处。

2. 设易拉罐是一个正圆柱体。什么是它的最优设计? 其结果是否可以合理地说明你们所测量的易拉罐的形状和尺寸,例如说,半径和高之比,等等。

3. 设易拉罐的中心纵断面如图 8-1 所示,即上面部分是一个正圆台,下面部分是一个正圆柱体。

图 8-1　上正圆台、下正圆柱体易拉罐中心纵断面

什么是它的最优设计? 其结果是否可以合理地说明你们所测量的易拉罐的形状和尺寸。

4. 利用你们对所测量的易拉罐的洞察和想象力,做出你们自己的关于易拉罐形状和尺寸的最优设计。

5. 用你们做本题以及以前学习和实践数学建模的亲身体验,写一篇短文(不超过 1000 字,你们的论文中必须包括这篇短文),阐述什么是数学建模、它的关键步骤,以及难点。

易拉罐形状和尺寸的最优设计

摘要

研究内容

我们利用数学建模方法,求解 355 毫升易拉罐的形状、尺寸最优设计,即在满足容积相同条件下,易拉罐制作用料最节省的设计方案,并与测量所得各指标数据相比较,讨论实际的易拉罐制造是否符合最优设计,及最优设计的正确性和可行性。

然后根据以上最优设计方案结果发挥想象,合理合情地设计一个打破传统的易拉罐形状和尺寸的最优设计。

最后我们对于优化模型的现实意义进行了讨论,结合实际提出了改进与推广建议。

研究方法与研究结果

我们小组根据对象的特征和建模目的,做出两个必要、合理的简化假设:一是将易拉罐的形状作了规范,二是结合测量数据与了解到的实际制作方法,假设易拉罐顶部与侧壁的厚度比设为 3:1。

具体建模步骤及结果如下:

1)简化模型,假设易拉罐为一个正圆柱体,我们发现当圆柱体的高与底面半径比为 4:1 时,制作用料最省,达到最优。

2)细化模型,将模型看做上部圆台、下部圆柱体的结合,又分别在不考虑顶部与侧壁厚度差异和考虑厚度差异两种情况下,求得最优设计分别应满足条件:①圆柱体高:圆台高=10:1;②圆柱体底面半径:圆台顶部半径=6:5.

3)自主设计易拉罐最优方案,根据相同体积下球形的表面积最小原理,发挥想象力,从最简单的球形演化分析,一步步演绎出最终的易拉罐形状和尺寸的最优设计。

模型优缺点评价

优点:综合分析考虑到人体工程学、审美学(黄金分割点)等多方面的内容,从多个角度构建出数学模型约束条件。

在模型求解的过程中利用汇编语言,减少了人工计算的时间成本。

在测量数据过程中,使用实验室专业测量工具如游标卡尺,避免了直尺测量或到互联网上寻找相关数据的不准确性。

缺点:由于不熟悉线性、非线性数学软件的操作,所得结果存在一定的误差。

关键字:355 毫升易拉罐　优化设计　数学建模(简化模型、细化模型)黄金分割点　人体工程学

1. 问题重述

在提高我们的生活质量进程中,饮料成为不可或缺的一部分。如今的饮料的盛装器皿也是琳琅满目,有可口可乐经典的玻璃瓶,有 550~600 毫升的塑料瓶,也有盛装牛奶的标志性容器利乐砖,而其中最为普遍的是铝制易拉罐。

铝制易拉罐发展非常迅速,到 20 世纪末每年的消费量已有 1800 多亿只,在世界金属罐总量(约 4000 亿只)上是数量最大的一类。用于制造铝罐的铝材消费量同样快速增长,1963 年还近于零,1997 年已达 360 万吨,相当于全球各种铝材总用量的 15%。[1]

因此对于单个的易拉罐来说,形状与尺寸的最优设计可以节省的钱可能是很有限的,但是如果是生产几亿,甚至几十亿个易拉罐的话,可以节约的钱就很可观了。

本论文要解决的问题就是,结合数学建模讨论在具有相同容积下易拉罐的尺寸满足什么条件,能够实现制造易拉罐的用料最少;并力图寻找建模得出的最优模型与真实易拉罐的制作尺寸的关联性,利用对所测量的易拉罐的洞察和想象力,做出本小组关于易拉罐形状和尺寸的最优设计.

2. 测量数据

2.1　测量对象

厂家:大连可口可乐饮料有限公司

品牌:雪碧

额定容量:355 毫升

生产日期:2006 年 8 月 12 日

2.2　测量工具

游标卡尺,量程 0~150 毫米,准确度为 0.02 毫米,该量具经过国家计量机构检定合格,有效期至 2006 年 9 月 30 日。

2.3 测量结果

易拉罐实际尺寸测量数据一览表 　　　　单位:毫米

	符号	测量值	壁厚	实际值
下部圆柱体内直径	$d1=2*r1$	65.02	0.20	64.62
中部圆柱体内高度	$h1$	100.02	0.20	99.82
上部圆台体上直径	$d2=2*r2$	55.02	0.60	53.82
上部圆台体下直径	$d1=2*r1$	65.02	0.20	64.62
上部圆台体高度	$h2$	10.00	0.60	9.40

易拉罐顶部厚度:0.6毫米;

易拉罐除顶部外其他部分厚度:0.2毫米

3. 简化模型

3.1 分析和假设

首先把易拉罐近似看成一个正圆柱,如图8-2所示。要求饮料罐内体积一定时,求能使易拉罐制作所用的材料最省的顶盖的直径和从顶盖到底部的高之比。

3.2 明确变量和参数

因为制造顶盖使用材料的硬度要比其他的材料要硬,假设除易拉罐的顶盖外,罐的厚度相同,记作 b,顶盖的厚度为 αb。

图 8-2 正圆柱体易拉罐中心纵断面

设饮料罐的半径为 r(因此,直径为 $d=2r$),罐的高为 h. 罐内体积为 $V.b$ 为除顶盖外的材料的厚度。则其中 r,h 是自变量,所用材料的体积 SV 是因变量,而 b 和 V 是固定参数,α 是待定参数.

3.3 建立模型

易拉罐侧面所用材料的体积为:

$$\left[\pi(r+b)^2 - \pi r^2\right]\left[h+(1+\alpha)b\right]$$

$$= (2\pi rb + \pi b^2)\left[h+(1+\alpha)b\right]$$

$$= 2\pi rhb + 2\pi r(1+\alpha)b^2 + h\pi b^2 + \pi(1+\alpha)b^3$$

饮料罐顶盖所用材料的体积为：$\alpha b\pi r^2$

饮料罐底部所用材料的体积为：$b\pi r^2$

所以，SV 和 V 分别为，

$$SV(r,h) = 2\pi rhb + \pi r^2(1+\alpha)b + 2\pi r(1+\alpha)b^2 + h\pi b^2 + \pi(1+\alpha)b^3 V(r,h)$$

$$= \pi r^2 h$$

因为 $b \ll r$，所以带 b^2，b^3 的项可以忽略，因此：

$$SV(r,h) \approx S(r,h) = 2\pi rhb + \pi r^2(1+\alpha)b$$

记 $g(r,h) = \pi r^2 h - V.$

于是我们可以建立以下的数学模型：

$$\min_{r>0,\, h>0} S(r,h)$$

$$\text{s.t.} \ g(r,h) = 0$$

其中 S 是目标函数，$g(r,h)=0$ 是约束条件，V 是已知的（即罐内体积一定），即要在体积一定的条件下，求罐的体积最小的 r,h 和 α 使得 r,h 和测量结果吻合。

3.4 模型求解

求解方法：从约束中解出一个变量，化条件极值问题为求一元函数的无条件极值问题。

从 $g(r,h)=\pi r^2 h - V = 0$ 解出 $h = V/\pi r^2$，代入 S，使原问题化为：求 $d:h$ 使 S 最小，即求 r 使 $S[r,h(r)] = b\left[\dfrac{2V}{r} + \pi(1+\alpha)r^2\right]$ 最小。

求临界点：令其导数为零得

$$\frac{dS}{dr} = 2b\left[(1+\alpha)\pi r - \frac{V}{r^2}\right] = \frac{2b}{r^2}\left((1+\alpha)\pi r^3 - V\right) = 0.$$

解得临界点为 $r = \sqrt[3]{\dfrac{V}{(1+\alpha)\pi}}$，因此

$$h = \frac{V}{\pi}\left[\sqrt[3]{\frac{2(1+\alpha)\pi}{V}}\right]^2 = 2(1+\alpha)\left[\sqrt[3]{\frac{V}{(1+\alpha)\pi}}\right]$$

$$= (1+\alpha)r = \frac{(1+\alpha)d}{2}.$$

因为经测量所得数据可知顶盖的厚度是其他材料厚度的 3 倍，则 $h = 2d = 4r$

为验证这个 r 确实使 S 达到极小。计算 S 的二阶导数

$$S'' = 4b\left[2\pi(1+\alpha) + \frac{2V}{r^3}\right] > 0, \quad \because r > 0.$$

所以，这个 r 确实使 S 达到局部极小，因为临界点只有一个，因此也是全局极小.

3.5　模型验证和进一步的分析

当将易拉罐简化成正圆柱体时，其最优设计应保证易拉罐的高为底面半径的四倍。而测量数据显示易拉罐外侧高度 $H = 10.002$ 厘米 $+1$ 厘米 $= 11.002$ 厘米，外侧底面半径 $R = 6.502/2 = 3.251$ 厘米，所以 $h/r = (H - 0.2 - 0.6)/(R - 0.2) \approx 3.3842$.

因为实际情况中的易拉罐不是正圆柱，而是类似上面圆台、下面圆柱的结合体，并考虑到易拉罐底面上凹球面的高度，我们可以说易拉罐的生产制造基本上采用了满足相等容量下，制造用料最少的最优设计方案。

通过实际测量结果我们还发现了易拉罐的以下几方面特点：

(1)易拉罐中间圆柱部分的直径和高的比为 $6.502/10.02 \approx 0.649$，非常接近黄金分割比 0.618。这样的设计考虑不仅仅是巧合，而是在外观上使得易拉罐看起来更舒服、美观，吸引顾客的购买[3]。

(2)易拉罐的罐体周长，即人手握住罐体的部分约为 $3.1415 \times 6.502 \approx 20.4266$ 厘米，十分接近人手掌长度的范围 16 厘米到 20 厘米[2]，可以方便人们在饮用的时候携带、抓、拿。

4.　细化模型

4.1　分析和假设

设易拉罐的中心纵断面如图 8-3 所示，即上面部分是一个正圆台，下面部分是一个正圆柱体。

图 8-3　上正圆台、下正圆柱体易拉罐中心纵断面

试求它的最优设计，并讨论其结果是否可以合理地说明测量所得的易

拉罐的形状和尺寸。

4.2 明确变量和参数：

设正圆柱底面内半径为 r_1，内高为 h_1。

设正圆台顶部内半径为 r_2，内高为 h_2。

设圆台母线长为 l，

由图 8-4 可知，$l = \sqrt{h_2^2 + (r_1 - r_2)^2}$

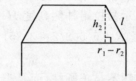

图 8-4 易拉罐顶部纵断面

设罐内体积为 V，罐的表面积为 S，制造此罐用料体积为 SV。

则其中 r_1, h_1 是自变量，所用材料的体积 SV 是因变量，而 b 和 V 是固定参数，α 是待定参数.

4.3 建立模型并求解

4.3.1 首先不考虑易拉罐各部分的厚度差异，因此只要求出易拉罐的表面积，即上部圆台与下部圆柱的结合体的表面积，最后乘以厚度，则为一个易拉罐的用料体积。

1. 建立模型

体积 $V = \pi r_1^2 h_1 + 1/3 \pi h_2 (r_1^2 + r_1 r_2 + r_2^2)$

圆柱侧表面积 $= 2\pi r_1 h_1$

底部面积 $= \pi r_1^2$

圆台顶部面积 $= \pi r_2^2$

圆台侧面积 $= \pi (r_1 + r_2) l = \pi (r_1 + r_2) \sqrt{h2^2 + (rl - r2)^2}$

总表面积 $S = 2\pi r_1 h_1 + \pi r_1^2 + \pi r_2^2 + \pi (r_1 + r_2) \sqrt{h_2^2 + (r_1 - r_2)^2}$

2. 模型约束条件

方程中共有 r_1, r_2, h_1, h_2，我们需要添加约束条件，找出 r_2, h_2 与 r_1 或 h_1 的关系减少方程中的自变量数目，便于模型求解.

约束条件为：

(1)通过网上相关资料调查，人手掌长度范围是 $a \in [16$ 厘米$, 20$ 厘米$]^{[2]}$，所握部分罐体周长为 C，首先要能够握住罐体，其次罐体太细，小于人

手掌长度握起来不舒服,因此要求所握部分罐体周长 C 满足:

$$1/2C \leqslant a, C \geqslant a,$$

即　　$a \leqslant C \leqslant 2a,$

∴应满足 20 厘米 $\leqslant C \leqslant$ 32 厘米

此条件结果在后面的假设合理性判定中经常运用到。

(2)上部圆台的设计不仅可以使得易拉罐更加牢固,我们通过实际体验与观察也发现其坡度的设计还体现了以下三方面的优化思想:

第一,坡度适合人嘴张开的角度。

第二,坡度可以使饮用起来更方便。

图 8-5 表示罐口为直角,饮用时需要将易拉罐抬起的角度 α;图 8-6 表示罐口有一定坡度时,将易拉罐抬起的角度 β。

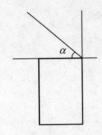
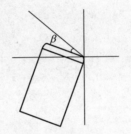

图 8-5　直角罐口　　　　　　　图 8-6　有坡度罐口

显而易见,$\alpha > \beta$,坡度设计体现优化。

第三,圆台的坡度设计还可以防止泼洒。

一般我们根据实际情况,拿起易拉罐会产生与水平面的 15°倾角(见图 8-7),问题反映到模型上,只要圆台图中所示的角 $r \geqslant 15°$,就可以满足防止泼洒(见图 8-8)。

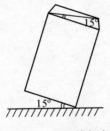
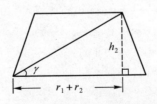

图 8-7　易拉罐倾角　　　　　　图 8-8　易拉罐顶部梯形断面

综合以上三方面因素,我们设圆台坡度为 k_2,坡角为 θ,则 $\theta \in [45°, 90°]$

207

则约束条件方程为

$$l=\tan45°\leqslant\tan\theta=h_2/(r1-r2)\leqslant\tan90°=+\infty$$
$$\tan\gamma=h2/(r1+r2)\geqslant\tan15°$$

（3）最优的易拉罐设计还应考虑外观，一个符合黄金分割原理的设计尺寸势必会加大易拉罐的受欢迎程度。则约束条件方程为：

3. 模型求解

我们发现方程求解很繁琐，所以采用 C 语言编程，并间接借助数学软件 Matlab 来求数值解。

以下是我们的程序原文：

```
main ()
{ int x, s, s = sub(x);}
printf("s = % d\n", s);
float r₁, r₂, h₂, n, f;
for (r₁ = 2.5; r₁ < = 6.5; r₁ + +);
for (r₂ = 5.0; r₂ < = 5.6; r₂ + +);
for (h₂ = 0.4; h₂ < = 1.25; h₂ + +);
float sub (x1)
{x1 = π * r₁ * r₁ + π * r₂ * r₂ + f
    return (x₁);}
float sub (x₁)
float x₁
float sqrt (x₂)
float x₂
{f = (r₁ - r₂) * (r₁ - r₂) + h₂ * h₂
    return (f);}
int a[n][t], k, min, l, h₁;
for (k = 0; k < n; k + +)
    min = a[0][0];
if (min > = a[n][t])
    min = a[n][t];
t = t + +;
while (l = π * r₁ * r₂ * h₁ + 1/3 * π * h₂(r₁ * r₁ + r₁ * r₂ + r₂ * r₂) = 355)
```

```
printf("r_1,r_2,h_2 = % d\n",r1,r2,h2);
else
printf("error");
return(1)
printf("h_1 = % d\n",h_1)
```

所得结果为:$h_1 : h_2 = 10 : 1$; $r_1 : r_2 = 6 : 5$

4. 最优模型与真实数据比较

测量结果:$h_1 = 10.002$ 厘米,$h_2 = 1$ 厘米,故 $h_1 : h_2 = 10.002 : 1$
$\approx 10 : 1$

$$r_1 = 6.502/2 = 3.251 \text{ 厘米},\ r_2 = 5.502/2 = 2.751 \text{ 厘米},$$

故 $r_1 : r_2 = 3.251 : 2.751 \approx 1.18 \approx 6 : 5$

因此我们发现易拉罐的实际制作尺寸十分近似最优模型,这说明随着技术的进步,易拉罐的制作工艺已经十分发达。

4.3.2 进一步分析

实际情况应该考虑易拉罐的厚度问题,如图 8-9 所示。

图 8-9 考虑易拉罐厚度的易拉罐中心纵断面

因为制造顶盖使用材料的硬度要比其他的材料硬,假设除易拉罐的顶盖外,罐的厚度相同,记作 b,顶盖的厚度为 αb。

1. 建立模型

体积 $V = \pi r_1^2 h_1 + 1/3\pi h_2(r_1^2 + r_1 r_2 + r_2^2)$

圆柱体部分用料体积 $= \pi[(r_1 + b)^2 - r_1^2]h_1$

底面用料体积 $= \pi r_1^2 b$

圆台顶部用料体积 $= \pi r_2^2 \alpha b$

圆台侧面用料体积 $= 1/3\pi(h_2 + \alpha b)[(r_1 + b)^2 + (r_1 + b)(r_2 + b) + (r_2 + b)^2] - 1/3\pi h_2(r_1^2 + r_1 r_2 + r_2^2)$

$SV = $ 圆柱侧面用料体积 + 圆台侧面用料体积 + 底面用料体积 + 圆台顶部用料体积

$$=\pi[(r_1+b)^2-r_1^2]h_1+1/3\pi(h_2+\alpha b)[(r_1+b)^2+(r_1+b)(r_2+b)+(r_2+b)^2]-1/3\pi h_2(r_1^2+r_1r_2+r_2^2)+\pi r_1^2b+\pi r_2^2\alpha b$$

2. 模型约束条件与求解

因为经测量所得数据可知顶盖的厚度是其他材料厚度的 3 倍,即 $\alpha=3$。其他约束条件与不考虑厚度情况相同。

运用类似不考虑厚度的方法计算,我们惊喜地发现最优设计也应该满足 $h_1:h_2=10:1,r_1:r_2=6:5$ 的条件。

因为厚度 0.06 厘米和 0.02 厘米是非常小的数值,基本没有影响最优设计模型的比例。而如此薄的罐壁厚度,再一次说明了制造易拉罐工艺的成熟。

4.3.3　模型验证和进一步的分析:验证容量

将我们实际测量数据代入体积公式,则

体积 $V=\pi r_1^2h_1+1/3\pi h_2(r_1^2+r_1r_2+r_2^2)$

$$=\pi(6.502/2)^2\times10.002+1/3\pi\times1\times[(6.502/2)^2+6.502/2\times5.502/2+(5.502/2)^2]$$

$$\approx360.046$$

实际体积略大于 355 毫升是因为考虑膨胀、气体压力等因素,易拉罐并没有装满。为了验证易拉罐并没有装满,我们进行了以下实验:

我们可以认为 1 立方厘米的水和饮料的重量都是 1 克。

未打开罐时饮料罐的重量为 360 克,倒出来的可乐确实重 355 克,空的饮料罐重量为 15 克,如图 8-10 所示。

图 8-10　易拉罐实装饮料　　　　图 8-11　易拉罐装满水

装满水的饮料罐重量为 375 克,减去空罐重量 15 克,可得装满的水的重量为 360 克,而非 355 克,如图 8-11 所示。

因此,易拉罐并没有装满饮料,而是大约留有 5 立方厘米的空间余量。

5. 自主设计易拉罐的最优模型

通过以上对于目前普遍使用形状的易拉罐最优设计的讨论与观察,我们发现在满足相同容积355毫升并且制造用料最少的条件下,应从球形开始考虑,原因如下:

采用圆面的设计可以增强耐压性,省去了额外的厚度,节省材料。

体积相同时,球的表面积最小。

论证过程如下:

我们的设计演化一共有三个阶段:

假设条件:模型规则,简化了易拉罐缩颈、翻边、圆台、厚度不同等繁琐设计[1]。

5.1 第一阶段:讨论球形与正圆柱体的优缺点

5.1.1 建模及计算

球形,如图 8-12 所示。

体积 $V=4\pi r^3/3=355$ 立方厘米

因此 $r\approx4.3925$ 厘米,

周长 $C=2\pi r\approx27.5989$ 厘米,满足[20 厘米,32 厘米]的范围.

用料体积 $SV=4\pi(r+0.2)^3/3-4\pi r^3/3\approx50.7326$ 立方厘米

图 8-12 圆柱体底面

体积 $V=\pi r^2h=355$ 立方厘米,

且由简化模型结论知道当 h 与底面半径 r 之比为 4:1 时,表面积最小,如图 8-13 所示。

因此 $h=4r,r\approx3.0456$ 厘米

用料体积 $SV=\pi[(r+0.2)^2-r^2]h+2\pi r^2\approx106.4363$ 立方厘米

图 8-13 圆柱体中心纵断面

5.1.2　结论

通过比较我们发现球形比圆柱体能够节省更多的制造用料,但是球形仍然有它的缺点:球形结构不方便握住携带,而且占用很大的存储空间。而在手感和存储方面,圆柱体占有一定优势,所以我们决定采取球形和圆柱体的结合,即设计演化的第二阶段。

5.2　第二阶段:球形和圆柱体的结合

5.2.1　建模

如图 8-14 所示,在球形中制造手握空间,假设:人每个手指宽度大致相同,一个手指的形状基本满足横截面为正方形,边长为 2 厘米,则凹陷空间高度为 2×2 厘米＝4 厘米,宽度为 2 厘米。

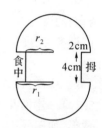

图 8-14　哑铃型易拉罐中心纵断面

5.2.2　计算:

体积 $V=4\pi r^3/3+\pi(r-2)^2*4=355$ 立方厘米

∴$r\approx4.1\,406$ 厘米

∴所握部分周长＝$2\pi(r-2)\approx26.0661$ 厘米,满足[20 厘米,32 厘米]的范围

中间圆柱部分用料体积＝$\pi[(r-2+d)^2-(r-2)^2]\times4$

两个半球形表面部分用料体积＝$4\pi(r+d)^3/3-4\pi r^3/3$

凹陷空间所形成的两个圆环部分用料体积＝$2[\pi(r+d)^2-\pi(r-2)^2]d$

∴总用料体积 $SV=\pi[(r-2+d)^2-(r-2)^2]*4+4\pi(r+d)^3/3-4\pi r^3/3+2[\pi(r+d)^2-\pi(r-2)^2]d$

∵$d=0.2\text{cm},r\approx4.1406$ 厘米

∴$SV\approx74.2058$ 立方厘米

5.2.3　结论:

虽然此种形状比圆柱体节省了用料,但凹陷所形成的两个圆环部分形成了一定的用料浪费。我们于是思考如何节省这部分的浪费,也是得出了设计演化第三阶段。

5.3　第三阶段:最终优化模型

5.3.1　建模

如图 8-15 所示。

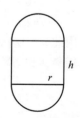

图 8-15　新型易拉罐中心纵断面

5.3.2 假设及计算

1. 假设 1

由本论文简化模型部分讨论结果可知,圆柱体高 h 与底面半径 r 比为 4∶1 时,最节省用料,

所以我们设 $h=4r$

体积 $V=4\pi r^3/3+\pi r^2 h=355$ 立方厘米

$h=4r$

∴ $r\approx 2.7671$ 厘米

∴ 所握部分周长 $=2\pi r\approx 17.3862$ 厘米,不满足[20 厘米,32 厘米]的范围

2. 假设 2

设模型总体满足黄金分割原理,外表美观,实现优化.

罐壁厚度 $d=0.2$ 厘米,

体积 $V=4\pi r^3/3+\pi r^2 h=355$ 立方厘米

$(h+2r)*0.618=2r$,

∴ $r\approx 3.5297$ 厘米,$h\approx 4.3634$ 厘米

∴ 所握部分周长 $=2\pi r\approx 22.1778$ 厘米,满足[20 厘米,32 厘米]的范围

中间圆柱部分用料体积 $=\pi[(r+d)^2-r^2]*4$

两个半球形表面部分用料体积 $=4\pi(r+d)^3/3-4\pi r^3/3$

总用料体积 $SV=\pi[(r+d)^2-r^2]*h+4\pi(r+d)^3/3-4\pi r^3/3$

≈ 53.0244 厘米

3. 结论

通过以上三阶段的演化,一方面吸取球形表面积小的特点,一方面发挥圆柱体存储和抓握得优势,我们设计出了这样的模型,保证了在容积为 355 毫升的前提下,制造用料最节省。

6. 模型的评价及扩展

根据所得最优设计与实际易拉罐尺寸、设计的比较,我们发现制造易拉罐应满足以下几方面的考虑:

6.1 罐体厚度选择

根据测量数据,罐体侧壁厚度为 0.2 毫米,罐体顶部厚度为 0.6 毫米,这样在保证强度和安全的前提下,可以大大节省罐体材料消耗。

具体计算如下:

将易拉罐看做正圆柱体,

如果整个易拉罐都采用 0.06 厘米的厚度,则用料体积为:

$SV=\pi(r+0.06)^2(h+0.06+0.06)-\pi r^2 h$

代入测得数据 $r=6.502/2=3.251cm, h=10.002$ 厘米

计算得 $SV\approx16.5044$ 立方厘米

如果易拉罐顶部厚度为 0.06 厘米,其他部分厚度为 0.02 厘米,则用料体积为:

$SV=\pi[(r+0.02)^2-r^2](h+0.02+0.06)+0.06\pi r^2+0.02\pi r^2$

代入测得数据 $r=6.502/2=3.251$ 厘米, $h=10.002$ 厘米

计算得 $SV\approx6.7878$ 立方厘米

因此采用不同厚度,光一个易拉罐就节省用料体积的

$(16.5044-6.7878)/16.5044\approx58.87\%$

按年生产 2000 亿个易拉罐计算[1],则总节约材料量为 $(16.5044-6.7878)\times2\times10^{11}=1.97332\times10^{12}$ 立方厘米 ≈1943320 立方米。

大规模生产将会节省相当可观的制作材料(通常以铝为主),因而减少了制作材料的生产需求,节约了矿产能源,减少了环境污染。

6.2 关于易拉罐实际构造的特点说明

1.底面内凹:形成球面可以承受更大的压力,起到缓冲的作用。因为当易拉罐遇到强大外力(如将二氧化碳溶于液体制成碳酸饮料的高压强)的时候底部可以鼓出来来缓解一部分的压力,而不至于炸裂开。而且半球面耐压力强[4]。

2.顶部圆台:类似半球面状也起到耐压、舒缓压力的作用,其次是为了封装结实。[4]

3.我们查找相关资料了解到易拉罐的生产过程是先热轧得到厚板,再冷轧成薄板,最后可以通过冷冲压的方式得到制品。易拉罐是由流水线生产出来的,分罐生产线和盖生产线,罐生产线主要由冲杯、拉伸、缩颈、翻边、印刷等组成;盖生产线由基本盖和上拉环组成。所有这些都是物理、力学、工程或材料方面的要求,必须要有有关方面的实际工作者或专家来确定。因此,我们可以体会到真正用数学建模的方法来进行设计是很复杂的过程,只依靠数学知识是不够的,必须和实际工作者的经验紧密结合[4]。

7. 感想与体会

7.1 什么是数学建模

一说到数学建模,很多人马上会想到一大堆数学参数、假设,然后对它

充满了畏惧感,觉得无从下手。而通过这次大赛实际操作与学习,我们体会到:事实上,数学建模并没有我们想象的那么复杂。

就我们选择的题目来说——易拉罐最优形状和尺寸:求解355毫升易拉罐的形状、尺寸最优设计,即在满足容积相同条件下,易拉罐制作用料最节省的设计方案。

乍看似乎很复杂,但是通过认真思考与仔细研究,我们发现求解这道题目的数学建模过程无非包括以下几个步骤:

1)根据题目做出必要的假设,使得上述问题得到简化(如我们假设:易拉罐顶部与侧壁的厚度比设为3:1);

2)用字母表示需要求的未知量;

3)利用规律或别的等量关系(如体积方程式,表面积方程式)列出数学函数(如求解过程中的多元线性方程);

4)求解;

5)用答案解释原问题;

6)最后用实际现象来进行模型的检验(即检验易拉罐的实际尺寸是否符合最优设计);

7)可以的话将模型进行推广。

一般来说,数学模型可以描述为,对于现实世界的一个特定对象,为了一个特定目的,根据特有的内在规律,做出一些必要的简化假设,运用适当的数学工具,得到的一个数学结构。建立数学模型的全部过程称为数学建模[5]。

7.2 关键步骤

经过三天三夜反复的研究、讨论,从分歧到达成共识,从遇到瓶颈到绞尽脑汁寻求答案,我们深深地体会到:在数学建模的过程中,最关键步骤是模型假设。只有在全面思考所有制约因素,合理建构模型,避免条件之间相互矛盾的基础上,数学建模的其他工作才有意义。模型假设的重要性可谓"一招错,满盘皆输"。

而从模型假设,到模型构成,再到模型求解、模型分析、模型检验以及模型推广,通过这些阶段我们完成从现实对象到数学模型,再从数学模型回到现实对象的循环。

7.3 数学建模的难点

模型假设不仅是数学建模的关键步骤(它对于建模的成败起着决定性的作用),同时也是最困难的一步。

假设做得不合理或太过简单,就会导致建出来的模型错误或是无用;相反,假设做得太过复杂,考虑了太多的因素,会导致接下来的建模工作没办法完成。所以,在假设的过程中要对合理与简化之间做出权衡,根据建模的目的和研究对象的特点,看清楚问题的本质,忽略次要的因素,从而做出符合题目要求的必要的简化假设。所谓好的开端是成功的一半,基于合理而简化的假设,接下来的建模工作才会沿着正确的方向走下去,最终得到正确的答案。

7.4 感想与体会

通过这次建模大赛,我们充分体会到了将知识融入现实生活的重要性,也在建模过程中体会到了团队合作的优势与乐趣。

参考文献

[1] 百度知道. 易拉罐的发展史、其他国家对易拉罐的使用状况、及易拉罐食品包装占成本的比例. http://zhidao. baidu. com/question/11521406. html,2006-09-15.

[2] 刘志刚. 人体测量学—正常人的尺寸. http://www. myie. org/asp/dispbbs. asp? boardid=7&id=2593,2006-09-15.

[3] 苏文海. 黄金分割率与美感. http://gljy. nje. cn/gljyy/bbs/bbs34/topicdisp. asp? bd=21&id=448,2006-09-15.

[4] 百度知道. 易拉罐的制造工艺流程. http://zhidao. baidu. com/question/11507605. html,2006-09-15.

[5] 姜启源,谢金星,叶俊. 数学模型. 北京:高等教育出版社,2003.

CUMCM-2003　D 题

抢渡长江

一、问题提出

"渡江"是武汉城市的一张名片。1934 年 9 月 9 日,武汉警备旅官兵与体育界人士联手,在武汉第一次举办横渡长江游泳竞赛活动,起点为武昌汉阳门码头,终点设在汉口三北码头,全程约 5000 米。有 44 人参加横渡,40 人达到终点,张学良将军特意向冠军获得者赠送了一块银盾,上书"力挽狂澜"。

2001 年,"武汉抢渡长江挑战赛"重现江城。2002 年正式命名为"武汉国际抢渡长江挑战赛",定于每年的 5 月 1 日进行。由于水情、水性的不可预测性,这种竞赛更富有挑战性和观赏性。

2002 年 5 月 1 日,抢渡的起点设在武昌汉阳门码头,终点设在汉阳南岸咀,江面宽约 1160 米。当日的平均水温 16.8℃,江水的平均流速为 1.89 米/秒。参赛的国内外选手共 186 人(其中专业人员将近一半),仅 34 人到达终点,第一名的成绩为 14 分 8 秒。除了气象条件外,大部分选手由于路线选择错误,被滚滚的江水冲到下游,而未能准确到达终点。

假设在竞渡区域两岸为平行直线,两岸的垂直距离为 1160 米,从武昌汉阳门的正对岸到汉阳南岸咀的距离为 1000 米,如图 8-16 所示。

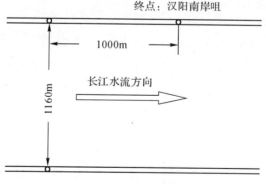

终点:汉阳南岸咀

1000m

1160m

长江水流方向

图 8-16　起点:武昌汉阳门

下面借助数学模型解决如下问题:

1. 假定在竞渡过程中游泳者的速度大小和方向不变,且竞渡区域每点的流速均为 1.89 米/秒。如果 2002 年第一名是按最优路径游泳的,试说明他是沿着怎样的路线前进的,求他游泳速度的大小和方向。

2. 在问题 1 的假设前提下,试为一个速度能保持在 1.5 米/秒的人选择最佳的游泳方向,并估计他的成绩。

3. 在问题 1 的假设下,如果游泳者始终以和岸边垂直的方向游,他(她)们能否到达终点? 并说明为什么 1934 年和 2002 年能游到终点的人数的百分比有如此大的差别;给出能够成功到达终点的选手的条件。

4. 流速沿离岸边距离的分布为(设从武昌汉阳门垂直向上为 y 轴正向):

$$v(y) = \begin{cases} 1.47 \text{ 米/秒}, & 0 \text{ 米} \leqslant y \leqslant 200 \text{ 米} \\ 2.11 \text{ 米/秒}, & 200 \text{ 米} < y < 960 \text{ 米} \\ 1.47 \text{ 米/秒}, & 960 \leqslant y \leqslant 1160 \text{ 米} \end{cases}$$

游泳者的速度大小(1.5 米/秒)仍全程保持不变,试为他选择游泳方向和路线,估计他的成绩。

5. 流速沿离岸距离为连续分布.

$$v(y) = \begin{cases} \dfrac{2.28}{200} y \text{ 米/秒}, & 0 \text{ 米} \leqslant y \leqslant 200 \text{ 米} \\ 2.28 \text{ 米/秒}, & 200 \text{ 米} < y < 960 \text{ 米} \\ \dfrac{2.28}{200}(1160 - y) \text{ 米/秒}, & 960 \leqslant y \leqslant 1160 \text{ 米} \end{cases}$$

游泳者的速度大小(1.5 米/秒)仍全程保持不变,试为他选择游泳方向和路线,估计他的成绩。

二、问题求解

1. 设游泳者的速度大小和方向均不随时间变化,即令 $\vec{u}(t) = (u\cos\theta, u\sin\theta)$,而流速 $\vec{v}(t) = (v, 0)$,其中 u 和 v 为常数,θ 为游泳者和 x 轴正向间的夹角,如图 8-17 所示。于是游泳者的路线 $[x(t), y(t)]$ 满足

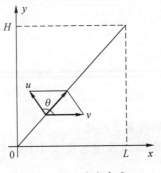

图 8-17　速度合成

$$\begin{cases} \dfrac{\mathrm{d}x}{\mathrm{d}t}=u\cos\theta+v, & x(0)=0, \ x(T)=L \\[2mm] \dfrac{\mathrm{d}y}{\mathrm{d}t}=u\sin\theta, & y(0)=0, \ y(T)=H \end{cases} \tag{8-1}$$

T 是到达终点的时刻。

令 $z=\cos\theta$，如果(8-1)式有解，则

$$\begin{cases} x(t)=(uz+v)t, & L=T(uz+v) \\[2mm] y(t)=u\sqrt{1-z^2}\,t, & H=Tu\sqrt{1-z^2} \end{cases} \tag{8-2}$$

因为 $\dfrac{x(t)}{y(t)}=\dfrac{L}{H}=\dfrac{uz+v}{u\sqrt{1-z^2}}$

所以游泳者的路径一定是连接起、终点的直线，

且 $T=\dfrac{L}{uz+v}=\dfrac{H}{u\sqrt{1-z^2}}=\sqrt{\dfrac{H^2+L^2}{u^2+2uzv+v^2}}$ \tag{8-3}

若已知 L，H，v，T，由(8-3)式可得

$$z=\dfrac{L-vT}{\sqrt{H^2+(L-vT)^2}}, \quad u=\dfrac{L-vT}{zT} \tag{8-4}$$

由(8-3)式消去 T 得到

$$Lu\sqrt{1-z^2}=H(uz+v) \tag{8-5}$$

给定 L，H，u，v 的值，z 满足二次方程

$$(H^2+L^2)u^2z^2+2H^2uvz+H^2v^2-L^2u^2=0 \tag{8-6}$$

(8-6)式的解为 $z=z_{1,2}=\dfrac{-H^2v\pm L\sqrt{(H^2+L^2)u^2-H^2v^2}}{(H^2+L^2)u}$ \tag{8-7}

方程有实根的条件为

$$u\geqslant v\dfrac{H}{\sqrt{H^2+L^2}} \tag{8-8}$$

为使(8-3)式表示的 T 最小，由于当 L，u，v 给定时，$\dfrac{\mathrm{d}T}{\mathrm{d}z}<0$，所以(8-7)式中 z 取较大的根，即取正号。将(8-7)式的 z_1 代入(8-3)式即得 T，或可用已知量表示为

$$T=\dfrac{\sqrt{(H^2+L^2)u^2-H^2v^2}-Lv}{u^2-v^2} \tag{8-9}$$

以 $H=1160$ 米，$L=1000$ 米，$v=1.89$ 米/秒和第一名成绩 $T=848$ 秒代入(8-4)式，得 $z=-0.641$，即 $\theta=117.5°$，$u=1.54$ 米/秒。

2. 以 $H=1160$ 米，$L=1000$ 米，$v=1.89$ 米/秒和 $u=1.5$ 米/秒代入 (8-7)、(8-3)式，得 $z=-0.527$，即 $\theta=122°$，$T=910$ 秒，即 15 分 10 秒。

3. 游泳者始终以和岸边垂直的方向（y 轴正向）游，即 $z=0$，由(8-3)式得 $T=L/v\approx529$ 秒，$u=H/T\approx2.19$ 米/秒。游泳者速度不可能这么快，因此永远游不到终点，被冲到终点的下游去了。

(8-8)式给出了能够成功到达终点的选手的速度，其几何意义为：以速度向量 $\vec{v}$ 的终点为圆心，$\vec{u}$ 为半径作半圆，O 与半圆上任意一点的连线为可能的合速度方向，当 $\vec{u}$ 小于 $\vec{v}$ 到 OA 的距离时，合速度方向一定指向终点 A 的下游，游泳者无法到达终点。反之，当 $\vec{u}$ 为半径的半圆与 OA 有唯一交点时，合速度方向就是最优的游泳方向。当 $\vec{u}$ 为半径的半圆与 OA 有两个交点时，合速度大的方向就是最优速度。

对于 2002 年的数据，$H=1160$ 米，$L=1000$ 米，$v=1.89$ 米/秒，只要 $u>1.43$ 米/秒就能到达终点。假设 1934 年竞渡的直线距离为 5000 米，垂直距离仍为 $H=1160$ 米，则 $L=4864$ 米，仍设 $v=1.89$ 米/秒，则游泳者的速度只要满足 $u>0.44$ 米/秒，就可以选到合适的角度游到终点。

两次游到终点人数百分比差别的主要原因是游泳者路线（速度方向与水流方向的夹角）选择错误，被流水冲到下游。

4. 如图 8-18 所示，H 分为 H_1、H_2、H_3 三段，且 $H=H_1+H_2+H_3$，$H_1=H_3=200$ 米，$H_2=760$ 米，$v_1=v_3=1.47$ 米/秒，$v_2=2.11$ 米/秒，游泳者的速度仍为常数 $u=1.5$ 米/秒，有 $v_1,v_3<u$，$v_2>u$，相应的游泳方向 θ_1,θ_2 为常数。路线为 $ABCD$，AB 平行 CD。L 分为 $L=L_1+L_2+L_3$，$L_1=L_3$，据(8-8)式，对于 $v_2>u$，L_2 应满足

$$L_2\geqslant H_2\sqrt{\frac{v_2^2-u^2}{u^2}}\ (\approx752\ \text{米}) \tag{8-10}$$

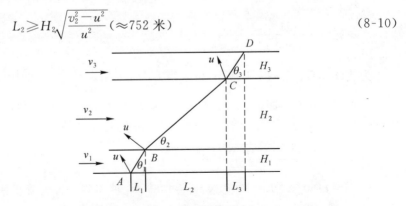

图 8-18　三段游泳路线

因为 $v_1 < u$，故对 L_1 无要求。

对于确定的 L_1,L_2，仍可用问题 1 中的公式计算游泳的方向和时间。

因为 $L_1 = L_3 = (L - L_2)/2$，由(8-9)式知所需要的总时间为

$$T = \frac{\sqrt{(H_2^2 + L_2^2)u^2 - H_2^2 v_2^2} - L_2 v_2}{u^2 - v_2^2}$$
$$+ 2\frac{\sqrt{(H_1^2 + (L - L_2)^2/4)u^2 - H_1^2 v_1^2} - (L - L_2)v_1/2}{u^2 - v_1^2} \quad (8\text{-}11)$$

用枚举法作近似计算：将 L_2 从 760 米到 1000 米每 20 米一段划分，相应的 L_1,L_3 从 120 米到 0 米每 10 米一段划分。编程计算如下，其中 a_1,a_2 和 T_1,T_2 分别为 2 段中游泳的方向和时间，而 $T = T_1 + T_2 + T_3$ 为总的时间。

附：MATLAB 程序

```
syms H1 H2 L1 L2 u v1 v2 a1 a2 T1 T2 T L
H1 = 200;H2 = 760;u = 1.5;v1 = 1.47;v2 = 2.11;L = 1000;
L2 = [1000: - 20:760];
L1 = (1000 - L2)/2;
T1 = (sqrt((H1^2 + (L - L2).^2/4) * u^2 - H1^2 * v1^2) - (L - L2) * v1/2)/(u
^2 - v1^2);T2 = (sqrt((H2^2 + L2.^2) * u^2 - H2^2 * v2^2) - L2 * v2)/(u^2 - v2^
2);
T = 2 * T1 + T2;
a1 = (pi - asin(H1./(u * T1))) * 180/pi;
a2 = (pi - asin(H2./(u * T2))) * 180/pi;
x = [L1 T1 a1 L2 T2 a2 T]
```

运行结果如下：

x =

1.0e + 003 *

0	0.6700	0.1685	1.0000	0.5091	0.0956	1.8491
0.0100	0.5259	0.1653	0.9800	0.5109	0.0973	1.5626
0.0200	0.4199	0.1615	0.9600	0.5133	0.0992	1.3531
0.0300	0.3441	0.1572	0.9400	0.5164	0.1011	1.2046
0.0400	0.2900	0.1526	0.9200	0.5204	0.1032	1.1004
0.0500	0.2509	0.1479	0.9000	0.5254	0.1053	1.0273
0.0600	0.2222	0.1431	0.8800	0.5317	0.1077	0.9762

0.0700	0.2007	0.1384	0.8600	0.5397	0.1101	0.9411
0.0800	0.1844	0.1337	0.8400	0.5497	0.1128	0.9185
0.0900	0.1718	0.1291	0.8200	0.5628	0.1158	0.9065
0.1000	0.1621	0.1247	0.8000	0.5804	0.1192	0.9046
0.1100	0.1545	0.1204	0.7800	0.6060	0.1233	0.9150
0.1200	0.1486	0.1162	0.7600	0.6527	0.1291	0.9499

由以上数据可知 $L_1 = L_3 = 100(m)$，$L_2 = 800(m)$ 时 $T = 904.58(s)$ 最小，即成绩为 15 分 5 秒，相应的游泳方向 $\theta_1 = \theta_3 = 124.66°$，$\theta_2 = 119.19°$。

5. H 仍分为 3 段，对于流速连续变化的第 1 段 $H_1 = 200$ 米，方程(8-1)变为

$$\begin{cases} \dfrac{dx}{dt} = u\cos\theta + \dfrac{v}{H_1}y, & x(0)=0, x(T_1)=L_1 \\ \dfrac{dy}{dt} = u\sin\theta, & y(0)=0, y(T_1)=H_1 \end{cases} \tag{8-12}$$

其中 $v(=2.28$ 米/秒$)$ 为常数，仍设游泳者的速度大小和方向均不随时间变化，及 $z=\cos\theta$，若(8-1)式有解，则

$$\begin{cases} x(t) = \dfrac{uv\sqrt{1-z^2}}{2H_1}t^2 + uzt, & L_1 = x(T_1) \\ y(t) = u\sqrt{1-z^2}\,t, & H_1 = y(T_1) \end{cases} \tag{8-13}$$

是一条抛物线。类似于问题 1 中的做法得到，给定 L，H，u，v 的值，z 满足二次方程

$$4(H_1^2+L_1^2)u^2z^2 + 4H_1^2uvz + H_1^2v^2 - 4L_1^2u^2 = 0 \tag{8-14}$$

取绝对值较小的根，为

$$z = -\frac{H_1^2v + L_1\sqrt{4(H_1^2+L_1^2)u^2 - H_1^2v^2}}{2(H_1^2+L_1^2)u} \tag{8-15}$$

有实根的条件为

$$u \geq v\frac{H_1}{\sqrt{2H_1^2+L_1^2}} \tag{8-16}$$

将(8-15)式的 z 代入(8-13)式得第 1 段的时间

$$T_1 = \frac{H_1}{u\sqrt{1-z^2}} \tag{8-17}$$

因 $u>v/2$，由(8-16)式对 L_1 无要求。

对于第 2 段 $H_2 = 760$ 米，仍用(8-9)、(8-10)式，应有 $L_2 > 870$ 米，且第 2

段的时间

$$T_2 = \frac{\sqrt{(H_2^2+L_2^2)u^2-H_2^2v^2}-L_2v}{u^2-v^2} \tag{8-18}$$

注意到 $L_1=L_3=(L-L_2)/2, T_1=T_3$，得总的时间为

$$T=T_2+2T_1 \tag{8-19}$$

用枚举法作近似计算：将 L_2 从 880 米到 1000 米每 20 米一段划分，相应的 L_1, L_3 从 60 米到 0 米每 10 米一段划分，编程计算如下，其中 a_1, a_2, a_3 和 T_1, T_3, T_2 分别为 3 段中游泳的方向和时间，而 $T=T_1+T_2+T_3$ 为总的时间。

附：MATLAB 程序

```
syms a1 a2 T1 T2 T L1 L2 H1 H2 u v z
H1 = 200;H2 = 760;u = 1.5;v = 2.28;
L2 = [1000: - 20 : 880];
L1 = (1000 - L2)/2;
z = ( - H1^2 * v + L1. * sqrt(4 * (H1^2 + L1.^2) * u^2 - H1^2 * v^2))./(2 *
(H1^2 + L1.^2) * u);
T1 = H1./(u * sqrt(1 - z.^2));
T2 = (sqrt((H2^2 + L2.^2) * u^2 - H2^2 * v^2) - L2 * v)/(u^2 - v^2);
T = T2 + 2 * T1;
a1 = acos(z) * 180/pi;
a2 = (pi - asin(H2./(u * T2))) * 180/pi;
x = [L1 T1 a1 L2 T2 a2 T]


x =
1.0e + 003 *
0          0.2052    0.1395    1.0000    0.5225    0.1041    0.9328
0.0100     0.1938    0.1365    0.9800    0.5283    0.1065    0.9159
0.0200     0.1836    0.1334    0.9600    0.5359    0.1090    0.9030
0.0300     0.1746    0.1302    0.9400    0.5458    0.1118    0.8949
0.0400     0.1667    0.1269    0.9200    0.5592    0.1150    0.8926
0.0500     0.1598    0.1235    0.9000    0.5787    0.1189    0.8984
0.0600     0.1540    0.1200    0.8800    0.6132    0.1243    0.9211
```

由以上数据可知 $L_1=L_3=40, L_2=920$ 时 $T=892.56$(s)最小，即 14 分 53 秒，$\theta_1=\theta_3=126.87°, \theta_2=115.04°$。

参考文献

［1］刘来福．数学模型与数学建模．北京：北京师范大学出版社，2002

［2］任善强．数学模型．重庆：重庆大学出版社，1987

［3］［新西兰］Mark M. Meerschaert．数学建模方法与分析．刘来福等译．北京：机械工业出版社，2005

［4］［韩］李贞礼．数学的捷径．任姮译．北京：中国市场出版社，2008

［5］沈继红．数学建模习题解答，哈尔滨：哈尔滨工程大学出版社，2002

［6］姜启源、谢金星等．数学模型（第三版）．北京：高等教育出版社，2003

［7］赵静、但琦．数学建模与数学实验．北京：高等教育出版社，2003

［8］郭培俊．地掷球抛击滚靠的数学模型．工程数学学报，2007，（24）

［9］华罗庚．高等数学引论．北京：科学出版社，1963

［10］杨启帆、李浙宁等．数学建模案例集．北京：高等教育出版社，2006

［11］谢金星、薛毅．优化建模与 LINDO/LINGO 软件．北京：清华大学出版社，2005.

［12］熊伟．运筹学．北京：机械工业出版社，2005.

［13］袁震东等．数学建模．上海：华东师范大学出版社，1997.

［14］薛定宇、陈阳泉．高等应用数学问题的 MATLAB 求解（第二版）．北京：清华大学出版社，2008

［15］朱道元等．数学建模案例精选．北京：科学出版社，2003

［16］周义仓、郝孝良．数学建模试验．西安：西安交通大学出版社，2005

［17］吴长江．高中数学应用性问题．上海：上海大学出版社，2001

［18］梁国业．数学建模．北京：冶金工业出版社，2004

［19］数学中国，www.madio.net

［20］张珠宝．数学建模与数学实验．北京：高等教育出版社，2005

［21］王冬琳、王妍．综合评价方法在 NBA 赛程分析中的应用．数学的实践与认识，2009，Vol. 39，No. 15

［22］王吉权、邱立春等．主成分分析法在高校学生质量综合评价中的应用．数学的实践与认识，2010，Vol. 40，No. 13